百万市民学科学——江城科普读库

山水林田湖草

仅以此书献给广大科普爱好者

袁伯伟　编著

中国地质大学出版社
ZHONGGUO DIZHI DAXUE CHUBANSHE

图书在版编目(CIP)数据

水/袁伯伟编著. —武汉:中国地质大学出版社,2023.12
ISBN 978-7-5625-5747-0

Ⅰ.①水… Ⅱ.①袁… Ⅲ.①水-普及读物 Ⅳ.①P33-49

中国国家版本馆 CIP 数据核字(2023)第 249405 号

水		袁伯伟 编著

责任编辑:李应争	选题策划:张瑞生 李应争	责任校对:徐蕾蕾

出版发行:中国地质大学出版社(武汉市洪山区鲁磨路 388 号)   邮编:430074

电　　话:(027)67883511	传　　真:(027)67883580	E-mail:cbb@cug.edu.cn
经　　销:全国新华书店		http://cugp.cug.edu.cn

开本:880 毫米×1230 毫米　1/16	字数:186 千字　印张:7.25
版次:2023 年 12 月第 1 版	印次:2023 年 12 月第 1 次印刷
印刷:湖北睿智印务有限公司	

ISBN 978-7-5625-5747-0	定价:38.00 元

引　言

　　水（H_2O），随处可见，无色无味。

　　1993 年 1 月 18 日，第 47 届联合国大会作出决议，确定自 1993 年起，将每年的 3 月 22 日定为"世界水日"，用以推动对水资源进行综合性统筹规划和管理，加强水资源保护，解决日益严峻的缺水问题。相应地，我国将每年的 3 月 22—28 日定为"中国水周"。

　　人类真正能够利用的水只是江河湖泊以及地下水中的一部分，仅占地球总水量的 0.26%，而且分布不均，存在浪费和污染的情况。世界上有超过 10 亿人无法获取足量、安全的水来维持他们的基本需求。

　　世界在呼吁："不要让最后一滴水成为我们的眼泪！"

　　你惊奇吗？！

　　你懂水吗？你爱水吗？

　　我们关心水、珍惜水不仅仅是因为实用和需要，更在于它那令人赞叹的魅力和令人崇敬的禀性。

　　茫茫宇宙，地球因大部分被水覆盖而与众不同，"蓝色水球"的魅力引来无数文人的赞颂吟唱，而"上善若水""智者乐水"的箴言更是将水奉为"良师益友"。

　　苏格拉底说："在这个世界上，除了阳光、空气、水和笑容，我们还需要什么呢？"

　　水是生命之源：38 亿年前，古海洋中的生命由此诞生、进化；无论是动物还是植物，水是其主要的成分；水还是生命体终生的维护者。

　　水是生存之本：人类的生活、生产、科技、文明都离不开水。择水而居，人类得以繁衍生息；借助水变蒸汽产生的力量发明了蒸汽机，让人类从农耕社会跨入到工业文明时代。

　　水是生态之根：水在地上、地下、空中以及陆地、海洋不断地循环运动，激浊扬清，哺育万物。风调雨顺，才有生机盎然。

　　然而，人类在发展中过度地消耗、失度地浪费以及无度地污染，让本就资源不足的水难以为继。

　　拯救地球，其实是拯救人类！

　　雪崩时，每一片雪花都认为自己是无辜的；实际上，每一片雪花都是有责任的！

　　让我们行动起来，节约水资源。不仅要节水，还要护水——开源、节流、防污染！保护环境，倡导"绿色、低碳、简约化"生活方式，从自身做起、从点滴做起，养成习惯，定格为个人素养和社会风气。

编著者

2023 年 8 月 18 日

目　录

第一章　水之韵

人们常说:平淡如水。由是我们虽然知道水的重要,但很少刻意关注。然而,先哲名言:"上善若水""智者乐水",水有更多丰富的内涵。换个视角看事物,无疑会多些感受和启迪。

第一节　地球,因水而美

地球是迄今为止可见天体中最美丽的星球。

一、从太空看地球

地球,是我们目前已知的整个宇宙中唯一一颗存在大量液态水的行星,它因此也被赞为广袤宇宙中最美丽的星球(图1-1)。地球表面有71%的区域是浩瀚的海洋,在太阳的光照下,经海水反射,远远望去,呈现出闪亮的蓝色,光彩夺目。

图1-1　地球全貌(来源:中国航天)

要欣赏地球的全貌,唯有进入太空才行。1961年4月12日,苏联率先将载有世界上首位宇航员尤里·加加林的"东方1号"宇宙飞船送入离地面181～327千米的空间轨道。尤里·加加林的航天飞行,实现了人类梦寐以求的飞天愿望。

2021年6月17日,神州十二号宇宙载人飞船发射成功,中国航天员聂海胜、刘伯明、汤洪波进驻天和核心舱。2021年7月4号,搭载神舟十二号飞船的航天员首次出舱,航天员共同协助空间站外的全景相机抬升的操作,全景相机拍摄了地球的全景图片。同时还拍摄到了太阳出现的绝美画面,航天员在太空用第一视角看地球,也感叹,我们生活的家园地球真的是太好了。

二、"三态"媲美

1. 水的三态态化

我们从太空回到地球,以不同的视角、方式、情感来探究水特殊而无穷的魅力。

水是一种可以在自然状态下以固态、液态和气态3种状态存在的物质。其中液态水占比最多,占总水量的98.25%,固态水(冰川)占1.74%,气态水则不足万分之一。

自然界的水通过"固态、液态、气态"这三态变化在不停地循环(图1-2)。

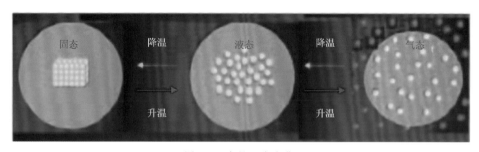

图 1-2　水的三态变化

一滴水中大约含有1.67×10^{21}个水分子。水在固态时,水分子是有序排列的;加热时,水分子获得能量,从有序排列变为无序排列,在一定的体积范围内比较自由地运动,此为液态;当水进一步获得能量,运动加快,克服了彼此间的相互作用,间隙增大,可以自由地向空中扩散,成为气态水。在水的三态变化过程中,水分子的数目和大小没有变化,变化的只是水分子之间的距离和排列方式,这样的变化属于物理变化。

在图1-3这张卫星图中可以同时看到水存在的3种状态:云层(内含气态水)、海洋(液态水)和高山冰川积雪(固态水)。

图 1-3　地球某处卫星图(来源:中国数字科技馆)

请随我们简要地领略一下水的三态风采（图 1-4）。

图 1-4　水的三态风采

2. 倒影

水是大自然的镜子，甘当陪衬和铺垫，尽己之能去映照万物之美（图 1-5）。

图1-5　倒影（于鑫摄）

3. 雕塑家

水不仅自己多姿多彩,魅力无穷,同时还是大自然天才的雕塑艺术家。历经亿万年的雕琢磨练,为我们的星球创造了纤巧精致的太湖石、圆润玲珑的鹅卵石以及众多地质奇观,如溶洞、石林等(图1-6)。

太湖石

鹅卵石

云南九乡溶洞(于鑫摄)

云南石林

图1-6　水雕琢出不同的地质奇观

三、水的来源

地球,这个蔚蓝色的星球,海洋约占地球总面积的71%。

如果把地球上的陆地和山脉都填入大海,使地球成为一个没有高低起伏的圆球,那么整个地球表面将全部被海水包裹,水深可以达到2430米。

如此巨量的海水究竟从何而来？科学家们一直在不断探求这个难以解释的问题。

关于地球上水的起源在学术界有多种不同的观点和学说：有的学者认为在地球形成初期，由原始大气中的氢、氧化合而成水；有的学者认为在形成地球的星云物质中原先就存在水；有的学者认为原始地壳中硅酸盐等物质受火山喷发影响而发生反应，析出水；还有的学者认为水是由被地球吸引的彗星和陨石带来的……

目前，比较流行的有4种说法，具体如下。

1. 来自地球原始大气

这种说法认为：几十亿年前，地球上的原始大气骤然凝聚而成海洋（图1-7）。照此假说推测，现在海水中所含该种原始大气的成分应比现今所测得的更多，然而它与目前的数据相差悬殊。

因此，这种假说难以得到科学支持。

图1-7　原始地球地貌

2. 由火山岩分解而来

这种说法认为：远古时代地球冷却凝固时，大部分水以化合物方式结合在岩石矿物中。后来，由于这些岩石的分解作用，水从中释放出来而形成海洋。

但实验结果表明，火山岩含水量仅有5％，所以这种假说也难以成立。

图1-8　地球上的火山岩

3. 漫长时间的积累而来

这种说法认为：海水是长期聚积而得，这一漫长过程并非是均匀的或连续的。地球经历几十亿年漫长的演化，海水逐年累月、天长日久聚积而生成。

这种说法还是有充分说服力的。事实上，地球内部的水的确是通过多种渠道聚集而来的。

4. 来自太空由冰组成的彗星

美国科学家提出一个新理论：地球之水来自太空中由冰组成的彗星(图 1-9)。

科学家们从卫星发回的数千张地球大气紫外线辐射图像中，发现地球图像上有一些小黑斑。每个小黑斑存在 2～3 分钟，面积约有 2000 平方千米。

研究分析认为，这些斑点是由一些肉眼看不见的冰块组成的小彗星冲入地球大气层，破裂而融化成水蒸气造成的。

科学家们估计，每分钟约有 20 颗平均直径为 10 米的冰状小彗星冲入地球大气层，而每颗彗星的冰块可释放出约 100 吨水。

由此推论，地球形成至今 46 亿年的历史，由于这些小彗星不断供给水分，从而使地球得以形成今日如此庞大的水体。

图 1-9　彗星撞击地球

四、水的循环

地球上的水从地下到地面再到空中都在不停地运动循环，几十亿年前地球形成后，地球上的水循环让这颗星球慢慢冷却下来，又在循环中孕育生命、滋养万物，创建并维护着欣欣向荣的生态环境；同时，在服务与奉献的过程中吐故纳新，自我净化、自我调整。

1. 地表内外的水循环

在自然界，当阳光晒暖了海洋，水分子获得能量，运动加快，达到一定程度时，一些水分子便克服了相互之间的彼此作用,变成水蒸气扩散到空气中。水汽到了高空后遇冷结成云,云随风漂移,再遇冷,水分子进一步释放能量,运动变缓,彼此聚积,转变成雨或雪。雨或雪降落到地面,一部分汇集成小溪,另一部分就渗透到地下形成地下水,地下水又从地层里冒出来形成泉水。泉水和许多小溪汇集成河流,回归大海(图1-10)。通过水分子的运动,实现了水资源和能量的重新分配,周而复始、源源不断地为地球上的生物补充水资源,并不断调整环境的温度和湿度。

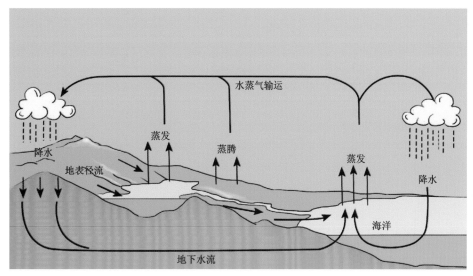

图 1-10　水循环示意图

2. 水的物态变化循环

水在外界条件的影响作用下,其自身形态也在固态、液态、气态这三态中不停地变化、循环着。

3. 地球深处水的化学变化循环

在地球深处的地幔软流层中(图1-11),包含着总量达地面海洋 $35 \sim 50$ 倍的水量,并不停地进行电离和化合的化学变化循环: $H^+ + OH^- \rightleftharpoons H_2O$。

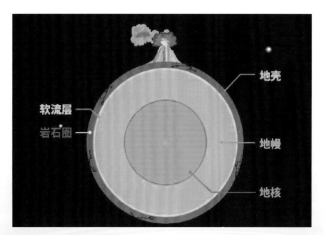

图 1-11　地幔在地球中的位置

4.水循环的过程、特点及意义

水循环的过程、特点及意义见表 1-1。

表 1-1　水循环的过程、特点及意义一览表

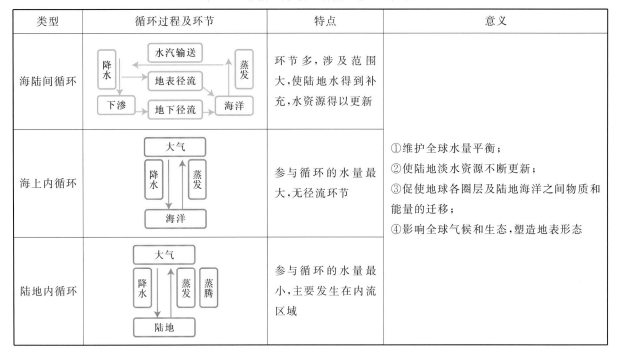

类型	循环过程及环节	特点	意义
海陆间循环	水汽输送　蒸发　降水　地表径流　下渗　地下径流　海洋	环节多,涉及范围大,使陆地水得到补充,水资源得以更新	①维护全球水量平衡;②使陆地淡水资源不断更新;③促使地球各圈层及陆地海洋之间物质和能量的迁移;④影响全球气候和生态,塑造地表形态
海上内循环	大气　降水　蒸发　海洋	参与循环的水量最大,无径流环节	
陆地内循环	大气　降水　蒸发　蒸腾　陆地	参与循环的水量最小,主要发生在内流区域	

5.水循环过程中的术语解释

·蒸发:由液态水转化为气态水,逸入大气的过程。全球平均每年约有 1.2 米深的水从海洋蒸发进入大气层。

·蒸腾:水从活的植物体表面(主要是叶子)以水蒸气形态散失到大气中的过程。几乎所有进入植物根部的水(99%)最终都会进入大气层。

·升华:冰和雪(固体)在不经过液态的情况下直接变成水蒸气(气体)的过程。

·凝华:水蒸气(气体)在不经过液态的情况下直接变成冰和雪(固体)的过程。最常见的是,在晴朗寒冷的夜晚,地面上形成的霜冻。

·冷凝:水蒸气(气体)变成水滴(液体)的过程,比如常见的云和露。

·运输:液态水和气态水在陆地、海洋与大气中的移动。没有这种移动,水就无法在地表、地下、海洋和陆地中形成循环。

·降水:大气中的水冷凝并降落到地表的现象。大多数降水都是降雨,但也包括雪、雨夹雪和冰雹。平均来说,世界各地每年大约有 980 毫米的雨、雪和雨夹雪等降水量。

·渗透:水从地表进入地下,或在地下变换位置的移动。

·浸出:水从土壤中分离出来的运动。

·水流:河流、湖泊和地下水的流动。

·径流:降雨及冰雪融水在重力作用下沿地表或地下流动的水流。

·植物吸收:植物从地下水流和土壤中获取水分。植物吸收的水只有 1% 被植物利用,其余 99% 通过叶子等蒸腾至大气层。

第二节　生命，由水而生

地球是迄今为止唯一确定有生命存在的星球。水，孕育了生命、构建了生命、养护了生命。

一、生命的起源

地球，开启了神奇的星际之旅，迄今走过约 46 亿年。

大约 46 亿年前，太阳系在演化过程中形成了地球。当时的地球是一番地狱般的景象，"陨石雨"轰击地球，地球上没有海洋、没有生命、没有氧气，只是一个大火球（图 1-12）。

图 1-12　原始地球

40～44 亿年前，原始地壳开始形成，原始大气层开始出现，地球开始冷却，大气层温度下降，水蒸气遇冷后开始降雨。由于降温过程异常缓慢，因此这场大雨持续了几百万年之久。在旷日持久的降雨作用下，在地球凹地形成了原始古海洋。

38 亿年前，生命诞生，古海洋中出现了"共同祖先"。当时海洋中的水是沸腾的，原始生命深知适者生存，开始出现极端嗜热细菌，球状和杆状单细胞生物，形成所有生命的共同祖先。

图 1-13　原始细菌(来源:中国科学院海洋研究所)

35 亿年前,蓝藻(图 1-14)出现,生命开启"光合作用";15 亿年前,细胞进化出了细胞核而出现真核生物(图 1-15)。

图 1-14　现代湖泊中的蓝藻

图 1-15　具有细胞核的深海海绵

12 亿年前,早期生命繁殖依靠细胞分裂。继而出现有性繁殖,在大海的摇篮中繁衍演化出千姿百态的水生生物(图 1-16)。

图 1-16　生命最早存在于海洋中

直到 4.2 亿年前，先是植物，再是动物，相继登上陆地（图 1-17、图 1-18）。

图 1-17　植物率先登陆（来源：中国科技数字馆）

图 1-18　之后是动物登陆（来源：中国科技数字馆）

1500 万年前，地球开始形成现今格局。南极大部分被冰雪覆盖，中国形成现今的地貌：喜马拉雅山脉君临天下，太行山俯瞰华北平原。

1400 万年前，猩猩属从人猿总科中分化出来。猩猩属与猴子最大的不同就是没有尾巴，能用手或脚拿东西，与人类基因相似度达 96.4％。

700 万年前，人类祖先从黑猩猩亚族中分离出来，逐渐进化为人类（图 1-19）。非洲乍得沙赫人诞生，人类开始接掌地球。

图 1-19　人类的演化

如今，地球上形成了五彩缤纷的生命世界，而其前世今生都离不开"水"！

二、生命的构成

1. 水是生命体的必需

水是生物机体细胞的一种主要结构物质，水不仅孕育生命还构建生命。水在人体内的含量高达 70％（图 1-20），正常情况下，人体每天需要水的总量是 1500～2000 毫升。在正常的人体内循环中，每隔四周左右,人体内的水就会进行一次全新的更换。

对于人来说,水是仅次于氧气的重要物质。人体中要是没有水,食物中的养料就不能被吸收,废物就不能排出体外,药物就不能到达需要的部位,所有的生命特征将无法维系,只是一具干瘪的僵尸。

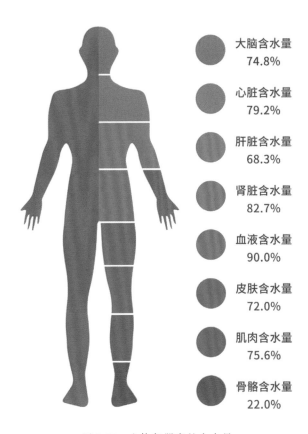

大脑含水量
74.8%

心脏含水量
79.2%

肝脏含水量
68.3%

肾脏含水量
82.7%

血液含水量
90.0%

皮肤含水量
72.0%

肌肉含水量
75.6%

骨骼含水量
22.0%

图1-20　人体各器官的含水量

2. 水在人体中的生理功能

(1)介质功能:水也是理想的介质。一方面,水参与很多生物化学反应,如水解、水合、氧化还原、有机化合物的合成和细胞的呼吸过程等;另一方面,水的比热数值高,通过出汗之类的方式可以帮助人体散发热量,调节体温。

(2)溶剂功能:水是一种非常优良的溶剂,有许多物质都可以在水中溶解。比如我们吃进去的各种食物,都需要在水的协助下,通过牙齿的咀嚼和胃的蠕动,其营养元素将溶于水中,然后才能被人体吸收。同样,体内产生的废物也要先溶于水,再排至体外。所以,体内各种营养物质的吸收、转运和代谢废物的排出都必须溶于水,并借助水才能进行。

(3)补充功能:水使机体有弹性,皮肤滋润柔滑,眼睛明亮水灵。

(4)营养功能:水中含有多种天然的微量元素、矿物质,为人体提供必要的营养成分。

(5)润滑功能:动物体关节囊内、体腔内和各器官间组织液中的水,可以减少关节和器官间的摩擦力,起到润滑作用。

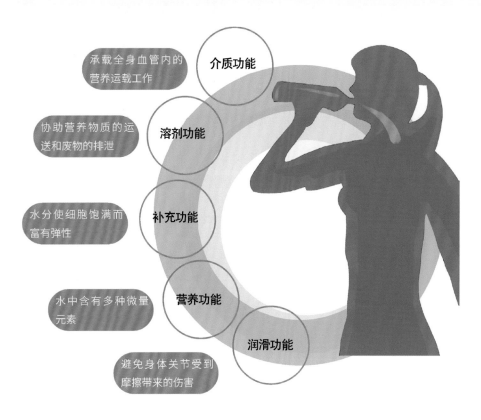

承载全身血管内的营养运载工作 — 介质功能

协助营养物质的运送和废物的排泄 — 溶剂功能

水分使细胞饱满而富有弹性 — 补充功能

水中含有多种微量元素 — 营养功能

避免身体关节受到摩擦带来的伤害 — 润滑功能

图 1-21　水在人体内的五大生理功能

3. 缺水的后果

人体一旦缺水,后果很严重。缺水 1%～2%,感到口渴;缺水 5%,会口干舌燥,皮肤起皱;缺水 15% 时,会意识不清,甚至幻视、昏迷休克乃至危及生命。人体缺水会引发很多疾病,比如便秘、哮喘、高血压、肥胖、痔疮、动脉血管疾病,甚至癌症等。缺水对生命的影响,往往甚于饥饿。没有食物,人可以活较长时间,如果没有水,顶多能活一周左右。即便是少量缺水,如不认真对待,时间久了会对人体造成诸多伤害。

4. 植物水分生理

水是植物体的重要组成成分。水在生长的植物体中含量很大,植物细胞原生质含水量为 80%～90%,其中叶绿体和线粒体含 50% 左右,液泡中则含 90% 以上。

植物的生长,通常靠吸水使细胞生长或膨大。膨胀压力降低,生长会减缓或停止。水在植物生长过程中的主要作用有:水是植物体内重要的溶剂,营养物质的吸收、运转、合成和分解等一切新陈代谢活动都要以水为介质;水又是光合作用制造有机物的原料,缺了水,光合作用无法进行;水可以维持细胞的紧张度,保持植物枝叶婀娜多姿的形态,其植株挺立、叶片舒展,有利于吸收阳光进行光合作用;水的比热、汽化热都较大,有利于植物保持稳定的温度。

在木本植物主干的横截面上,有一圈圈细密的纹路,那就是年轮。一圈代表一年,是记录生命的手册。年轮与水分有着密切联系。一方面春夏季气温、水分等环境条件较好,植物生长快,形成的木质部较稀疏,颜色较浅;反之,秋冬季环境条件较恶劣,木质部较密,颜色较深,随四季交替形成了一圈一圈深浅交替的纹路(或界线)。另一方面,树干朝南一面受阳光照射较多,茎部生长速度快,因此茎干南面的年轮较宽,背阴朝北的一面,年轮则明显狭窄(图1-22)。

图 1-22　植物年轮

三、生命的养护

任何生命,从其诞生、成长到老去的日子里,水总是在全天候、全过程中默默地呵护着。

(一)水对生命的特别呵护

水有一个与众不同的特性是:既可以热胀冷缩,又可以冷胀热缩。在 4℃ 时水密度最大,这对护卫生命有着特别的贡献。当水结冰的时候,冰因密度小而浮在水面,这样不仅给水下生物留出了生存空间(图1-23),而且还有保温的功效。当天暖的时候,冰在上面,也是最先解冻的;但如果冰的密度比水大,冰会不断地沉到水下,天暖的时候也不会解冻,来年上面的水继续冰冻,直到所有的水都成了冰,那所有在水中的生命就难有立足之地了。

(二)水是人类防病治病的良药

中国著名药学家李时珍在《本草纲目》中把水列为各篇之首,并指出:"盖水为万化之源,土为万物之母。饮资于水,食资于土。饮食者,人之命脉也,而营卫赖之。故曰:'水去则营竭,谷去则卫亡。'然则水之性味,尤慎疾卫生者之所当潜心也。"他告诉我们:"水是生命之源、健康之本、百药之王。"

图 1-23　南极冰下鳕鱼

　　无独有偶,国际知名研究员美国医学博士 F·巴特曼,是盘尼西林的发现者和诺贝尔奖获得者亚力山大·弗莱明的学生,他将毕生精力致力于研究水的治疗作用,1992 年在美国出版了《水是最好的药》一书。

　　F·巴特曼发现,水对人体多种病症有治疗作用,具体如下。

　　心脏病和中风:水能稀释血液,可有效预防心脑血管阻塞。

　　骨质疏松症:水能使成长过程中的骨骼变得更加坚固。

　　白血病和淋巴瘤:水能够给细胞供氧,而癌细胞具有厌氧的特征。

　　高血压:水是最好的天然利尿剂。

　　糖尿病:水能够增加身体内色氨酸的含量。

　　失眠:水能够产生天然的睡眠调节物质——褪黑素。

　　抑郁症:水能使身体以天然的方式增加血清素的供应。

　　此外,现在与水有关的养生保健方式有很多,如水疗、蒸汽浴、温泉、冷敷等,不同的养生保健方式可供不同的人群根据需要选用。

　　(三)水是人类养生健身运动的好伙伴

　　水上(包括冰上)运动是深受人们喜欢的健康锻炼活动,比如较普及的游泳运动对人们身心健康有诸多好处。

　　游泳是很好的全身运动,能协调锻炼全身肌肉:既增强机体的力度,又能保持机体的匀称;既能增强骨质韧性,也能提高身体的柔韧性和灵活性。

游泳有助于增强心肌功能,改善心血管健康,预防心脏动脉粥样硬化等疾病。

游泳可帮助人们燃脂减重,其减肥效果与在跑步机上跑步的效果相当,且更加灵活自如。

游泳对减缓运动性哮喘、缓解压力和抑郁、改善肤质等都有其他运动不可替代的功效,从精神到健康再到体型和肤质都有益处。

游泳能使人变得聪明,澳大利亚研究人员通过一系列研究表明,经常游泳的孩子比不经常游泳的孩子在掌握语言、学习骑车、建立自信以及身体发育方面要更快、更好。

游泳能延年益寿,南加州大学研究人员对 40 547 名年龄在 20～90 岁的男性进行了长达 32 年的跟踪观察,结果显示,有游泳习惯的男性在死亡率方面比跑步、散步或不常运动的男性低了近一半。

(四)小知识:口渴与健康

图 1-24　身体缺水的危害

口渴是身体缺水的一种表现,通常是因为身体失去了过多的水分。口渴并不一定意味着健康问题,但如果口渴频繁出现或伴随其他症状,可能需要关注身体健康状况。

以下是一些可能导致口渴的健康问题:

(1)脱水:当身体失去过多的水分时,会导致脱水。脱水是最常见的导致口渴的原因之一。脱水的症状包括口渴、干燥的皮肤、头痛、疲劳等。

(2)糖尿病:糖尿病患者可能会因为高血糖而感到口渴。此外,糖尿病还可能导致其他症状,如多尿、视力模糊、疲劳等。

(3)肾脏问题:肾脏问题可能导致身体无法正常排泄废物和水分,从而导致口渴。肾脏问题还可能导致其他症状,如尿频、腰痛等。

(4)消化问题:某些消化问题,如胃酸倒流、胃溃疡等,可能导致口渴。这些消化问题还可能导致其他症状,如胃痛、恶心等。

如果我们经常感到口渴或伴随其他症状,建议咨询医生以确定是否存在健康问题。此外,保持充足的水分摄入也非常重要,可以帮助预防脱水和其他健康问题的发生。

1. 每天什么时段喝水最佳

每天喝水的时间应该根据个人的生活习惯和身体需要来定,但一般来说,以下几个时段是比较适合喝水的:

(1)早晨起床后:在起床后喝一杯温水可以帮助清洁肠胃、促进新陈代谢,还有助于提高身体的免疫力。

(2)饭前半小时:在进餐前喝一杯水可以增加饱腹感,减少进食量,有助于控制体重。

(3)饭后半小时:在进餐后喝一杯水可以帮助消化食物,促进肠胃蠕动,还有助于预防便秘。

(4)下午茶时间:在下午茶时间喝一杯水可以补充身体所需的水分,还有助于提高注意力和精神状态。

（5）睡前半小时：在睡前喝一杯温水可以帮助放松身心，促进睡眠质量。

需要注意的是，不宜在饭后立即喝太多水，以免影响消化。此外，如果您进行剧烈运动或长时间暴露在高温环境下，也需要适当增加饮水量。

2. 每天要喝多少水

普通成年人一天需要补充大约 2000 毫升水，其中 800 毫升左右可以从食物中获得，所以至少还要喝 1200 毫升水。专家推荐成年人一天喝水 1500～1800 毫升（表 1-2）。

表 1-2　不同年龄人体补水量

年龄（岁）	推荐饮水量（毫升）
2～3	800
4～6	900
7～10	1000
11～17	1200
18 岁以上	1500～1800

饮水应少量多次，要有意识地主动喝水，而不是感到口渴时再喝。

如果运动量大、流汗多，就应该再多喝一些。剧烈运动后不要马上大量喝水，应慢慢喝。北方空气干燥，也可以适当多喝点水。

3. 喝什么水最好

（1）喝白开水，好处非常多（图 1-25），而不是碳酸饮料和咖啡。

（2）喝温开水。人们把冰凉的水喝进胃中，之后排出的小便又是 37℃，这需要脾胃提供热量，还需要肾脏的大力支持，消耗其精华（元气）。如老爱喝冰水的人，会肾虚，影响记忆力。

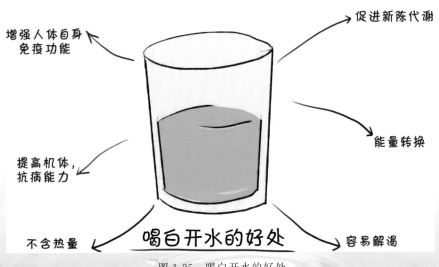

图 1-25　喝白开水的好处

第三节　文明，由水而善

老子说："道生一，一生二，二生三，三生万物。"说明世界万事万物都源自某种客观的规则、原理。

老子又说："道法自然"，说明任何"规则、原理"皆从"自然"而来。

老子还说："上善若水"，说明想做到最佳、最完美，就得效仿水。

拜自然为师，向自然学习，人类社会才会不断发展进步，走向文明。

无疑，"水"是极好的全科老师，是人类文明的温床、摇篮。

人类文明，无论是精神文明，还是物质文明，都可以从"水"那儿得到借鉴和启迪。

一、水的品性

（一）刚柔相济，随机应变

1. 刚强有力

道家认为，天下柔者莫过于水，而能攻坚者又莫胜于水。

冰是固态的水，它一改水的柔顺本性，变得坚硬如石，在寒冷地区，可以用来建房筑路。在地下隧道的开掘工程中有个特别的施工方法，为防止塌方事故，可在预定隧道的外围打入冷凝管，以此形成一圈坚实的冻土，在冻土护圈的保护下按需开挖，之后浇筑钢筋水泥结构成为隧道。

雾是液态的水，如果在密闭容器里将水汽化，膨化的水蒸气力大无穷，可以推动活塞，成为各种机械的强劲动力。

水在通常状态下显得温顺柔和，要是给水加速，高速水流可以做成水枪，甚至水刀——水切割，即高压水射流切割（图 1-26），可以广泛用于加工切割各种高硬度的材料，如玻璃、陶瓷、不锈钢等，或比较柔软的材料，如皮革、橡胶、纸尿布等。水切割具有比机械、火焰切割更安全、更可靠的独特优势。

图 1-26　水射流切割（来源：慧聪网）

2. 随机应变

水顺应不同的场合、时间、条件，随物附形，因地制宜，多姿多彩，有无限生机。

因地制宜：遇圆则圆，逢方则方，水都能随遇而安，故曰"水无常形"。

因势利导：水不拘束、不呆滞、不僵化、不偏执，或细腻妩媚，或粗犷奔放。曲折小溪，轻言细语；白练飞瀑，气势磅礴；积水深潭，韬光养晦；百川聚海，海阔天空。

因时而变:夜结露珠,晨飘雾霭,晴蒸祥瑞,阴披霓裳;夏为雨,冬为雪,化而生雾气,凝而结冰霜。因机而动:水不甘平庸,透过缝隙,绕过障碍,伺机而动。因动而活,因活而进,故生机勃勃。

(二)坚定执着,百折不饶

1.水滴石穿

世界上最柔弱之物莫过于水,然而它却能穿透最坚硬的顽石。水的这种超凡能力在于其坚定的意志,"咬定青山不放松",以其微不足道的水滴、水流进行冲刷十年、百年、千年、万年、亿年。于是,水成了大自然中最杰出的雕刻家,在地球上创作了诸多鬼斧神工的奇峰异洞、精美石雕。

2.团结一心

水的凝聚力极强,小小水滴,从四面八方互相趋同聚积,一旦融为一体,就荣辱与共,生死相依,朝着共同的方向义无反顾,只要团结一心,水就威力无比,如汇聚而成江河湖海,浩浩汤汤,滋养万物;乘风便起波涛,轰轰烈烈,激浊扬清。

3.柔而有骨

水至柔,却柔而有骨,坚持自己的信念、理想、追求。水虽遇圆则圆,遇方则方,但不会变成器皿,不会改变自身的本质。水有既定的目标,无论前方是悬崖还是坎坷,都毫不迟疑地勇往直前。九曲黄河,多少阻隔、多少诱惑,即使关山层叠、百转千回,东流入海的意志没有一丝动摇,雄浑豪迈的脚步未有片刻停歇(图1-27)。壮哉!"黄河之水天上来,奔流到海不复回"。

图 1-27　黄河曲流

(三)与世无争,执着奉献

1.谦虚善下

水孕育生命、滋养万物、促进文明,其功勋卓著,有足够的炫耀资本。可它却始终保持一种平常心态,不仅不张扬,反而"和其光,同其尘";"人往高处走,水往低处流",哪儿低往哪儿流,哪里注在哪里聚,甚至愈深邃愈安静。

2. 富有爱心

水富有爱心,最具包容性、渗透力、亲和力、融合力。它通达而广济天下,奉献而不图回报。它养山山青,哺花花俏,育禾禾壮,从不挑三拣四、嫌贫爱富,而是任劳任怨、殚精竭虑。它与土地结合便是土地的一部分,与生命结合便是生命的一部分,亲密无间、融为一体。它甘愿牺牲自己,荡涤污垢、洁净万物,然后再默默地自我净化。

(四)虚怀若谷,包容万物

水是多能的介质和溶剂,没有水,饮茶、喝酒都将无法实现。

1. 包容万物

海纳百川,有容乃大。

纯净水是一种良好的溶剂,它能溶解很多种固态的、液态的和气态的物质。天然水和自然界的众多物质接触时,许多物质就会溶解在水中。

水在不停地运动,在人体、农田或工厂里,使世界充满生机和活力。污物被水流带走,稀释了,化解了,最后又被大自然净化了。

2. 辅助万物

万物因水的存在而汇聚融合,发挥出 $1+1>2$ 的奇妙功能。譬如以石灰石、黏土为主烧制成的水泥粉,按比例加入砂子和石子,用水拌和,立马便融合为水泥(混凝土),成为当今建筑、道路中的中流砥柱。由于水的存在,它们才有可能组合成一种功能优异、用途广泛、使用方便、价格低廉的建筑材料。

再如治病救人的中药,也是因水而让配方中各味药材的有效成分浸出融合而成的。

而水,还是十分优秀的工作介质,借助于它可以让其他物体发挥更多更好的功能。以水为工作介质可以产生动能,如蒸汽机、热水电暖气、水压机等都是利用水而工作的。

(五)清澈透明,表里如一

1. 光明磊落

水本身是无色无味、清澈透明的。因此,它表里如一、一眼洞穿、光明磊落、堂堂正正。而唯其透明,方能以水为镜,映照出善恶美丑。

同时,只有静水才能透明、才能为镜。心烦气躁、藏污纳垢,则难以光明磊落。

清澈如水、心静如水,善莫大焉。

2. 透明公正

透明,便于评判监督,利于公平、公正、平等待人。

水不汲汲于富贵,不戚戚于贫贱,无论身居山野还是登堂入室、置于泥碗还是奉于玉盏,均不改初衷,保持本性。而且器歪水不歪,物斜水不斜,不受外界影响,不偏不倚,保持"水平"。倘遇坑蒙拐骗,水便奔腾咆哮,此乃"不平则鸣"。

二、水的文采

历朝历代,文人墨客留下了无数以水为题的名篇佳句,让人赏心悦目、怡情益智,给人以美的享受、情的陶冶、志的激励。在此选录些许,以供赏析,感受"乐水"之妙、激发"上善"之意。

(一)醉人美景

醉人美景的诗(图1-28)。

东临碣石,以观沧海。水何澹澹,山岛竦峙。——东汉·曹操《观沧海》

君不见,黄河之水天上来,奔流到海不复回。——唐·李白《将进酒·君不见》

笑夸故人指绝境,山光水色青于蓝。——唐·李白《鲁郡尧祠送窦明府薄华还西京》

春来遍是桃花水,不辨仙源何处寻。——唐·王维《桃源行》

流水如有意,暮禽相与还。——唐·王维《归嵩山作》

白日依山尽,黄河入海流。——唐·王之涣《登鹳雀楼》。

一道残阳铺水中,半江瑟瑟半江红。——唐·白居易《暮江吟》

春江潮水连海平,海上明月共潮生。——唐·张若虚《春江花月夜》

落霞与孤鹜齐飞,秋水共长天一色。——唐·王勃《滕王阁序》

晴山看不厌,流水趣何长。——唐·钱起《陪考功王员外城东池亭宴》

水光潋滟晴方好,山色空蒙雨亦奇。——宋·苏轼《饮湖上初晴后雨》

一水护田将绿绕,两山排闼送青来。——宋·王安石《书湖阴先生壁》

图1-28 水——醉人美景

（二）寄情抒怀

借水寄情抒怀的诗（图 1-29）。

所谓伊人，在水一方。——《诗经·蒹葭》

在山泉水清，出山泉水浊。——唐·杜甫《佳人》

水心如镜面，千里无纤毫。——唐·白居易《初领郡政衙退登东楼作》

抽刀断水水更流，举杯消愁愁更愁。——唐·李白《宣州谢朓楼饯别校书叔云》

不知江月待何人，但见长江送流水。——唐·张若虚《春江花月夜》

天阶夜色凉如水，坐看牵牛织女家。——唐·杜牧《秋夕》

千古兴亡多少事？悠悠。不尽长江滚滚流。——宋·辛弃疾《南乡子·登京口北固亭有怀》

郁孤台下清江水，中间多少行人泪？——宋·辛弃疾《菩萨蛮·书江西造口壁》

谁道人生无再少？门前流水尚能西！休将白发唱黄鸡。——宋·苏轼《浣溪沙·游蕲水清泉寺》

近水楼台先得月，向阳花木易为春。——宋·苏麟《断句》

问渠哪得清如许？为有源头活水来。——宋·朱熹《观书有感》

一江秋水浸寒空，渔笛无端弄晚风。——宋·王寀《浪花》

落花有意随流水，流水无心恋落花。——宋·释惟白《续传灯录·温州龙翔竹庵士珪禅师》

花自飘零水自流。一种相思，两处闲愁。——宋·李清照《一剪梅·红藕香残玉簟秋》

泉眼无声惜细流，树阴照水爱晴柔。——宋·杨万里《小池》

我住长江头，君住长江尾。日日思君不见君，共饮长江水。——宋·李之仪《卜算子·我住长江头》

图 1-29 借水寄情抒怀

（三）妙在极致

水的妙赞（图1-30）。

最早的春意——竹外桃花三两枝，春江水暖鸭先知。——宋·苏轼《惠崇春江晚景二首》

最壮观的水——乱石穿空，惊涛拍岸，卷起千堆雪。——宋·苏轼《念奴娇·赤壁怀古》

最高的瀑布——飞流直下三千尺，疑是银河落九天。——唐·李白《望庐山瀑布》

最抒情的江景——日出江花红胜火，春来江水绿如蓝。——唐·白居易《忆江南》

最得意的事——山重水复疑无路，柳暗花明又一村。——宋·陆游《游山西村》

最多的愁——问君能有几多愁？恰似一江春水向东流。——五代十国·李煜《虞美人·春花秋月何时了》

最深的情——桃花潭水深千尺，不及汪伦送我情。——唐·李白《赠汪伦》

最难超越的事物——曾经沧海难为水，除却巫山不是云。——唐·元稹《离思五首·其四》

最大的门窗——窗含西岭千秋雪，门泊东吴万里船。——唐·杜甫《绝句》

最休闲的人——睡起有茶饥有饭，行看流水坐看云。——元·清欲《了庵清欲禅师语录》

最孤独的人——孤舟蓑笠翁，独钓寒江雪。——唐·柳宗元《江雪》

最呕心伤感的诗——两句三年得，一吟双泪流。——唐·贾岛《题诗后》

图1-30 水的妙赞图

三、水的启迪

水那独特的品性、丰富的内涵、深刻的哲理，无论是宏观的谋略布局，还是日常的为人处事，或者是自我的修身养性,都可以从中得到启迪与借鉴。

以水为鉴,映射出中国水文化的深刻内涵。

(一)至理名言

千百年积淀的水文化中,不乏富含哲理的警句名言,这实际上都是很好的教材,值得反复品读、联想思考。

水唯善下方成海,山不矜高自极天。——春秋《孔子家语》

水因地而制流,兵因敌而制胜。故兵无常势,水无常形,能因敌变化而取胜者,谓之神。——春秋·孙武《孙子兵法》

不积小流,无以成江海。——战国·荀子《劝学》

流水不腐,户枢不蠹。——战国·吕不韦《吕氏春秋·尽数》

水能载舟,亦能覆舟。——战国·荀子《荀子·哀公》

丘山积卑而为高,江河合水而为大。——战国·庄周《庄子·则阳》

山锐则不高,水狭则不深。——汉·刘向《新序·节士》

水至清则无鱼,人至察则无徒。——汉·戴德《大戴礼记·子张问入官篇》

绳锯木断,水滴石穿。——宋·罗大经《鹤林玉露》

有风方起浪,无潮水自平。——明·吴承恩《西游记》第七十五回

学如逆水行舟,不进则退。——清·梁启超《莅山西票商欢迎会学说词》

海纳百川,有容乃大。壁立千仞,无欲则刚。——清·林则徐书两广总督府对联

青山原不老,为雪白头;绿水本无忧,因风皱面。——清·李文甫应老师对联

死水滋生毒素。——英·威·布莱克

洪水可以从涓滴的细流中发生。——英·莎士比亚

(二)民间谚语

谚语是广泛流传于民间的言简意赅的短语,是劳动人民生活实践经验的概括提炼,雅俗共赏且寓意不凡。

河水不再倒流,人老不再黑头。

人不可貌相,海水不可斗量。

虎离山无威,鱼离水难活。

泉水挑不干,知识学不完。

水滴集多成大海,读书集多成学问。

水滴石穿,坐吃山空。

水落现石头,日久见人心。

水是田的娘,无水苗不长。

井越掏,水越清;事越摆,理越明。

人往高处走,水往低处流。

山高流水长,志大精神旺。

水不平要流,理不平要说。

有山必有路,有水必有渡。

虎不怕山高,鱼不怕水深。

一夜之寒结不成厚冰(欧洲的谚语)。

(三)上善若水

上善若水出自老子的《道德经》第八章。

原文:上善若水,水善利万物而不争,处众人之所恶,故几于道。居善地,心善渊,与善仁,言善信,政善治,事善能,动善时。夫唯不争,故无尤。

译文:至高的德行品性像水一样,水善于滋润万物而不与万物相争,停留在众人都不喜欢的地方,所以最接近于"道"。善于自处而像水一样,甘居下地;心态修养像水一样,包容、清明而宁静;行动作为同水一样,滋养万物的生命;言行说话如潮水一样,准时有信;立身处世像水一样,持平正衡;处事担当像水一样,调剂融和;审时度势、把握机会同水一样,随机顺势而动。因为"不争",所以"无尤(怨咎)"。

启迪:上善若水——最高境界的"善"就要像水那样,向水学习。对人而言,"善"应该有善心和善为,即精神和行为两个方面,其中精神层面含德行、胸怀、境界、定力;行为层面含智慧、思维、方法、能力。以水为师,那就要认真学习并借鉴水的品性,面向新时代、新机遇、新挑战,从全球的胸怀、未来的目光、直面挑战的胆魄、矢志不移的定力、共谋共事共享共赢的境界等诸方面得到启示和提升。

第二章　水之用

自古到今,人类日常生活、生产,以及文明进步,都离不开水的参与和奉献。如何用好水,发挥其更多的优势,对人类智慧既是考验也是锻炼,而且水本身就隐含多个科学原理。

第一节　古人的智慧

水,孕育了生命,也养育了生命。在此过程中,人类得以发展智慧,走向文明。为世人惊叹的中华文明的人物和成就,与水有着超乎寻常的关联,如中国古代著名的发明家之一杜诗是"水力鼓风机"的发明者(图 2-1),中国古代四大工程中的三项——"都江堰""灵渠""京杭大运河"皆为水利工程。

张衡(地动仪)

蔡伦(造纸术)

毕昇(活字印刷术)

杜诗(水力鼓风机)

图 2-1　中国古代著名的发明家

一、古代水利工程

1. 大禹治水

大禹治水是中国古代的神话故事，著名的治理洪水传说。禹是黄帝的后代，鲧(gǔn)的儿子。三皇五帝时期，黄河泛滥，鲧、禹父子二人受命于尧、舜二帝，负责治水。

面对汹涌狂傲的滔滔洪水，大禹从鲧治水失败中汲取教训，变"堵"为"疏导"的思路，体现出他超凡的聪明才智。为了治理洪水，大禹长年率领民众奋战，"三过家门而不入"，历时 13 年，终于完成了治水的大业。咆哮的河水一改往日的凶猛，平缓地向东流去，被水淹没的农田变成了粮仓，老百姓过上了安居乐业的幸福生活。

2. 灵渠

灵渠位于中国广西壮族自治区兴安县境内，公元前 214 年凿成通航，全长 37.4 千米，号称"世界古代水利建筑明珠"。主要工程为南渠和北渠，将湘江与漓江连接到一起。灵渠工程由大小天平石堤、铧嘴、南北渠、泄水天平和陡门等构成，秦朝时期共花费了 4 年才初步开渠，随后又进行多次修缮。灵渠连接了长江和珠江两大水系，构成了遍布华中、华南的水运网。自秦以来，灵渠对巩固国家统一，加强南北政治、经济、文化的交流，密切各族人民的往来，都起到了积极作用(图 2-2)。

图 2-2　灵渠

灵渠工程中最大的创新在陡门——世界上最早的运河船闸技术。因为灵渠深度有限，每年秋后，有连续长达 4 个月的枯水期无法行船，需要借助陡门，即船闸帮助船舶升降。受当时技术条件的限制，单个陡门无法满足要求，只能沿灵渠分段设置，犹如现在的多级船闸。唐朝时(868 年)建有陡门 18 座，北宋时(1058 年)增至 36 座，迭次开启，百斛大船亦能巍然过岭。

3. 都江堰

都江堰是中国古代修建的大型水利工程，修建于公元前 256 年，工程主体包括分水工程(鱼嘴)、溢洪排沙工程(飞沙堰)以及引水工程(宝瓶口)。都江堰的主要作用是引水灌溉、防洪、水运、供水，整个工程将岷江一分为二,一部分流向玉垒山的东侧,使成都平原南半壁不再受水患,而北半壁又免于干旱之灾。

　　德国地理学家李希霍芬称都江堰的灌溉方法在全世界都无与伦比。2000 年前,都江堰就实现了江水自动分流、自动排砂、控制进水流量等功能。从古至今,都江堰一直发挥着防洪、灌溉的作用,使成都平原成为水旱从人、沃野千里的"天府之国"(图 2-3、图 2-4)。

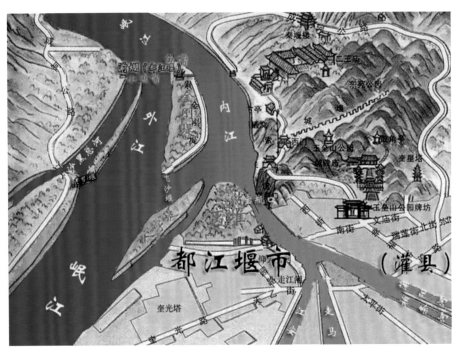

图 2-3　都江堰地理示意图

图 2-4　都江堰

4. 京杭大运河

京杭大运河是世界上最长的、工程最大的运河,到现在已经有 2500 多年的历史,是世界上最古老的运河之一。大运河南起余杭(今杭州),北到涿郡(今北京),途经现在的浙江、江苏、山东、河北四省及天津、北京两市,贯通海河、黄河、淮河、长江、钱塘江五大水系,全长约 1797 千米。京杭大运河是由春秋时期吴国为伐齐国而开凿的,隋朝时期大幅度扩修并贯通至洛阳且连涿郡,在元朝翻修时弃洛阳直接修至北京(图 2-5)。

京杭大运河是开创了古代漕运的巅峰。隋朝以后,京杭大运河就一直是历代漕运要道,被称为贯通南北的大动脉。运河以其特有的沟通功能将全国的政治中心与经济中心连接在一起,将不同江河流域的生产区域联系在一起,对南北的经济和文化交流,特别是对沿线地区工农业经济的发展起到了巨大作用,而且至今仍在发挥着积极作用(图 2-6)。

图 2-5　京杭大运河示意图

图 2-6　京杭大运河高邮段

5. 坎儿井

坎儿井是荒漠地区一种结构巧妙的特殊灌溉系统（图 2-7），遍布于中国新疆维吾尔自治区吐鲁番地区。有人将坎儿井与万里长城、京杭大运河并称为中国古代三大工程。吐鲁番的坎儿井总数达 1100 多条，全长约 5000 千米。

图 2-7 坎儿井

坎儿井的结构，大体上由竖井、地下渠道、地面渠道和"涝坝"（小型蓄水池）四部分组成。吐鲁番盆地北部的博格达山和西部的喀拉乌成山，春夏时节有大量积雪和雨水流下山谷，潜入戈壁滩下。人们利用山的坡度，巧妙地设计了坎儿井（图 2-8），引地下潜流灌溉农田。坎儿井不因炎热、狂风而使水分大量蒸发，因而流量稳定，保证了自流灌溉。

坎儿井是中华文明的产物，有史料记载，中国的坎儿井比公元前 8 世纪在波斯出现的坎儿井还要早 1000 多年。

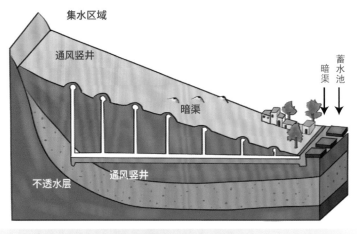

图 2-8 坎儿井示意图

二、古代水力机械和器具

1. 取水器具

（1）桔槔（jié gāo）：桔槔俗称"吊杆""称杆"，古代汉族农用工具，是一种原始的汲水工具。商代（公元前 1600 年—公元前 1046 年）在农业灌溉方面，开始采用桔槔。它是在一根竖立的架子上加上一根细长的杠杆，当中是支点，末端悬挂一个重物，前段悬挂水桶（图 2-9）。一起一落，汲水可以省力，简单实用，在农村延续了几千年。

（2）辘轳：辘轳是从杠杆演变来的汲水工具。早在公元前 1100 多年前，中国已经发明了辘轳（图 2-10）。到春秋时期，辘轳就已经流行。辘轳的主要部件是一根短圆木，上绕绳索，圆木可环绕其固定轴而转动。在工业方面，有使用牛力带动辘轳，再装上其他工具用来凿井或汲卤。

图 2-9　桔槔

图 2-10　辘轳

（3）龙骨水车：龙骨水车又称翻车龙骨水车（图 2-11），称呼来自民间，南宋时期陆游《春晚即景》："龙骨车鸣水入塘，雨来犹可望丰穰。"这是目前见到的史料中最早的出处。这种水车主要由木链、水、刮板等组成，节节木链似根根龙骨，因此得名"龙骨水车"。龙骨水车适合近距离使用，提水高度为 1～2 米，比较适合平原地区使用，或者作为灌溉工程的辅助设施，从输水渠上直接向农田提水。

这种水车的出现，对解决排灌问题起到了极其重要的作用。最初的龙骨水车是用人力转动的，后来又创制了利用畜力、风力、水力等转动的多种水车。

由于这种龙骨水车结构合理，可靠实用，所以一代代流传下来。直到近代，随着农用水泵的普及，它才完成了历史使命，悄然隐退。

手摇水车　　　　　　　脚踏水车　　　　　　　　脚踏水车

图 2-11　龙骨水车(引自明宋应星《天工开物》)

2.水动力机械

(1)水碓:水碓最早见诸于西汉人桓谭的文字记载。古代水碓有两种类型:一种为由水轮将水的动能转化为机械能,通过动力轴拨动碓杆而工作;另一种为直接靠水的自重,通过杠杆上下运动而工作,又名槽碓。前者动能较大,工作效率高;后者效率较低,多引山溪或泉水。桓谭记载的水碓应为水轮传动。

以水流的势能做功的槽碓　　　　以水流动能转化为机械能的连机碓

图 2-12　水碓(引自明徐光启《农政全书》)

(2)水排:水排又称水力风箱,是中国古代一种冶铁用的水利鼓风装置(图 2-13)。人类早期的鼓风器大都是皮囊。一座炉子用好几个囊,放在一起,排成一排,就叫"排囊",用水力推动这些排囊,就叫"水排"。

水排发明于东汉早期,是南阳太守杜诗(? —公元 38 年)在民间初创实践的基础上发明的。

驾驭水力来驱动鼓风炉风箱开始于公元 31 年,而欧洲人直到 12 世纪才开始用水力驱动锻锤,再到 13 世纪才开始使用水力鼓风,这对 14 世纪欧洲生铁的出现起到了促进作用,但比中国晚了 1200 年。

图 2-13　水排

　　（3）水碾：水碾是魏晋南北朝时期发明的谷物加工机械，用于谷物脱壳或去麸（图 2-14）。水碾是中国古代时期较为先进的生产加工工具，其基本结构是在一扇大磨盘中设中轴，并装一根横轴，横轴一端装一个滚轮，利用水轮带动轴转，使滚轮滚动起来产生摩擦，将谷物进行脱壳或去麸。

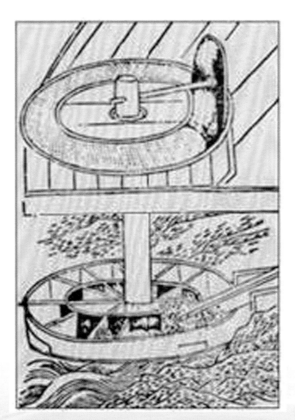

图 2-14　元王祯《农书》中描绘的水碾

(4)筒车:筒车又称流水筒车,水转筒车或简称筒轮,是一种以水流作动力,取水灌田的工具(图 2-16)。筒车约发明于隋唐,因为结构简单,造价低廉,且维修方便,在宋代便已广泛流行于民间,直至近代仍是农村常用的水力机械。

筒车由上下轮、筒索、支架等部件组成。下轮有一半埋于水中,汲水高程可达 30 余米。绑着竹筒的竹索是传动件,当上轮转动时,竹索及下轮都跟着转动,竹筒也随竹索上下转动。当竹筒下行到水中时,就自动兜满水,而后随竹索上行,到达上轮高度时,竹筒将水倾泻到水槽内,如此循环。竹索带动连成串的小竹筒盛水,沿水槽而上,可在高岸上从低水源地区取水。

图 2-15　筒车
(引自明·徐光启《农政全书》)

3. 生活日用品

刻漏(水钟):刻漏又称漏刻、漏壶,是古代计时工具,最早记载见于《周礼》。刻漏主要有泄水型和受水型两类。早期的刻漏多为泄水型。水从漏壶底部侧面流泄,使浮在漏壶水面上的漏箭随水面下降,由漏箭上的刻度指示时间。后来创造出受水型刻漏,水从漏壶以恒定的流量注入受水壶,浮在受水壶水面上的漏箭随水面上升指示时间,提高了计时精度。刻漏也分单壶式和多壶式两种,漏是古代中国人的习惯用语,含义就是现在的"钟"(图 2-16)。

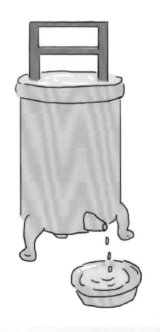
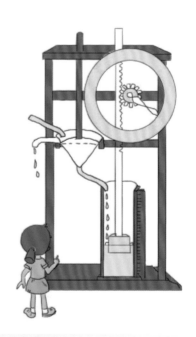

"泄水型"水钟　　　　　　"受水型"水钟

图 2-16　水钟

第二节　水与生活

生命起源于水,其后的生存与生活依然离不开水,依赖于水。所以,远古人类早就懂得"择水而居",唯此才能"如鱼得水",繁衍生息、不断发展。

一、择水而居——文明古国诞生

生命源自于水,文明同样源自于水!水源丰富的大江大河,自然成为先祖们聚集、繁衍、发展的风水宝地。人类史上的四大文明古国起源于北半球的两河流域、尼罗河流域、黄河与长江流域以及印度河与恒河流域(图 2-17,表 2-1)。

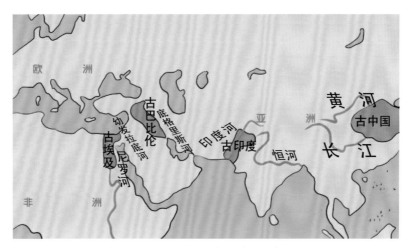

图 2-17　四大文明古国位置示意图

表 2-1　四大文明古国文明标志表

文明古国	发源地	文明标志
古巴比伦	底格里斯河、幼发拉底河	楔形文字、空中花园遗址、汉谟拉比法典、六十进制
古埃及	尼罗河	象形文字、金字塔、狮身人面像、平面几何
古印度	印度河、恒河	梵文、泰姬陵、阿拉伯文字、佛教
古中国	黄河、长江	甲骨文、长城、兵马俑、圆周率、勾股定理、十进制、易经、中医

河流可以带来丰富的水资源,有利于农业灌溉和人类的生活;大河流域,尤其是中下游地区会产生大片冲积平原,其地势平坦广阔,外加河流从上游冲刷而下带来大量淤泥而形成肥沃的土壤,更有利于农业的发展;通常,大河流域的气候都比较温润,环境好,有利于人类的繁衍生息。所以,最早的人类自然择水而居。

随着人类的发展,当生产力水平有所提高时,国家形成、城市兴起、经济贸易繁荣。这时,河流地区还可以提供交通、防御等方面的便利因素,这就更加使得大河流域成为人们生存发展下去的地方了(图 2-18)。

巴比伦空中花园

埃及金字塔、狮身人面像

印度埃洛拉石窟

中国长城

图 2-18　四大文明古国现代照片(来源:http://www.sohu.coma161637426_570340)

二、依水兴旺——得天独厚水城

从古代到现在,我们中华民族主要生活在世界上两条著名江河的怀抱之中,这就是黄河和长江。黄河、长江是中华民族的摇篮,被尊为中华民族的"母亲河"(图 2-19)。

山是龙的骨骼,江河是龙的脉络,水是龙的血液。

水,养育了生命,焕发了生机,水城趁势而生。

图 2-19　黄河流域

1. 古都——东京（今河南开封）

《清明上河图》描绘了北宋时期都城，主要是汴京以及汴河两岸的自然风光和繁荣景象（图 2-20）。

汴河是当时国家重要的漕运交通枢纽、商业交通要道，画面呈现了人口稠密，商船云集，人们有的在茶馆休息，有的在看相算命，有的在饭铺进餐的热闹繁华场景。河里船只往来，首尾相接，或纤夫拉纤，或船夫摇橹，有的满载货物逆流而上，有的靠岸停泊装卸货物。

《清明上河图》中繁华忙碌的汴河

《清明上河图》中大宋王朝士大夫的乐园

图 2-20 清明上河图

2. 东方芝加哥——武汉

武汉，两江交汇，三镇鼎立，长江之城，故又称江城。从公元 3500 年前的盘龙古城开始，到明清时期成为"四大名镇"之一，再到近代被称为"东方芝加哥"——武汉（图 2-21），因水而兴，因江而美，享誉天下；水，是武汉的精髓，一城秀水半城山，是武汉最好的写照。武汉市内江河纵横、湖港交织，水域面积占全市总面积的 1/4，拥有大小湖泊 166 个，构成了武汉滨江滨湖的水域生态环境。

如今的武汉，是中国中部地区的中心城市，长江经济带核心城市，全国重要的工业基地、科教基地和综合交通枢纽。

图 2-21 两江交汇的水城——清末开埠通商，如今的大武汉

3. 东方水都——苏州

有 2500 年历史的苏州,素来以山水秀丽、园林典雅而闻名天下,有"江南园林甲天下,苏州园林甲江南"的赞语;又因其小桥流水人家的水乡古城特色,东方水都,实至名归。

苏州位于江苏省东南部,长江三角洲中部,东临上海,南接嘉兴,西抱太湖,北依长江;气候四季分明,雨量充沛,宜种宜养宜居,是典型的鱼米之乡。

苏州现为国家历史文化名城和风景旅游城市,国家高新技术产业基地,长江三角洲城市群重要的中心城市之一、江苏长江经济带的重要组成部分。

民间的流传很给力:上有天堂,下有苏杭(图 2-23)。

图 2-23　苏州

三、未来去处——海洋漂浮城市

地球表面有 71% 的面积是海洋,生命是从海洋进化到陆地的,那么,人们能否再转向海洋生活呢?设想建一座海上漂浮的城市:食物靠温室种植,利用太阳、风或海流、潮汐发电,用垃圾生产天然气,如诺亚方舟,可以让许多人在上面安居乐业。这听起来仿佛有点科幻,但以目前的技术水平,要实现这个目标已经没有特别大的障碍了。事实上,世界多个国家正在研究设计这样的未来海洋城市。

1. 应对全球变暖的威胁

针对全球变暖的趋势,芬兰和德国学者公布的最新调查显示,21 世纪末海平面可能升高 1.9 米。那么,那些正在面临海平面上升产生威胁的地区,海洋漂浮城市建设则更具现实性和紧迫性。南太平洋上的法属波利尼西亚政府就在未雨绸缪,2018 年便对漂浮城市草拟法案,并于 2019 年开始建造。漂浮城市主要以水产养殖农场、医疗保健、医疗研究设施和可持续能量发电站为特色(图 2-24)。

图 2-24　漂浮城市

2. 中国海上"漂浮城市"

总部设在伦敦的 AT Design Office 设计事务所将为中国设计一个海上"飘浮城市"(图 2-25)。

中国海上"漂浮城市"占地 4 平方英里(约 10.36 平方千米),采用水上、水下多层设计,拥有完全自给自足的生态系统,包括大量娱乐设施。游憩区内将设有多家餐馆、酒吧、博物馆、画廊和主题公园,水上和水下领域将举办体育场风格的音乐会。水底部分则建成各种酒店,为那些抵达游轮码头终点而将继续漂浮之旅的游客提供独一无二的夜泊环境。水上浮城将为过度拥挤的中国城市缓解压力,但目前主要是作为高端旅游景点。

图 2-25　海上城市

第三节　水与生产

一、工业用水

水,被看成工业的血液,其重要性不言而喻。

工业用水是指工业企业所使用的水,视不同的功能可分为三类:一是生产用水,系直接用于产品生产的各个环节,约占工业总用水的 60% 以上;二是辅助生产用水,是指辅助生产装置的自用水,如动力、仪表、机修、锅炉等用水,约占工业总用水的 30%;三是附属用水,如食堂、澡堂、供销、机关等部门的用水,约占工业用水的 10%。

(一)主要特点

(1)用水量大:我国城镇的工业用水量占全国总用水量近 20%,并随着城市化和工业化进程的加快,城镇工业数量大幅增长,水资源的需求亦将同步增加。

(2)相对集中:我国城镇工业用水主要集中在纺织、石油化工、造纸、冶金、食品等行业,其用水量约占工业总用水量的一半。

(3)污染严重:我国城镇工业废水排放量约占总排水量的 49%,工业废水中有毒有害物质造成严重污染,导致部分水源被迫弃用,加剧了水资源的短缺。

(4)浪费严重:由于管理不严和设备、工艺落后等原因,我国工业用水效率低下、浪费严重。工业用水重复利用率约为 52%,不少乡镇企业供水管道和用水设备"跑、冒、滴、漏"现象严重。

(二)功能作用

在现代工业中,没有一个工业部门是不用水的,也没有一项工业不与水直接或间接产生关系的。水参与工业生产的一系列重要环节,如在制造、加工、冷却、净化、空调、洗涤等方面发挥着重要的作用,被誉为"工业的血液"。

(1)作为原料:在食品的生产过程中,如和面、蒸馏、煮沸、腌制、发酵都离不开水,酱油、醋、饮料、果汁、啤酒等更是需要水,而矿泉水生产企业就直接把水做成了产品。

(2)作为溶剂或辅助用:在制药过程中的浸泡剂、稀释剂,在纺织工业中的印染、漂洗中都要大量的水。在造纸工业中,首先要把包括木材、芦苇、甘蔗渣、稻草、麦秸、棉秸、麻杆、棉花等原料制成纸浆。水是纸浆原料的疏解剂、稀释剂、洗涤运输介质和药物的溶剂。通常制造 1 吨纸大约需用 450 吨水。

(3)作为清洗介质:在清洗工艺中起冲刷和溶解污物作用;高炉转炉的部分烟尘要靠水来收集。

(4)作为热传递介质:在热处理、冷却和锅炉中作为热传递介质;在钢铁厂,靠水降温保证生产,钢锭轧制成钢材,要用水冷却;锅炉里更是离不开水。通常制造 1 吨钢大约需用 25 吨水。

（5）作为动力传递介质：水压机、喷雾机、蒸汽机、水枪、水切割、水轮机、水力发电，以及人类从古到今创造发明的各种水动力机械都离不开水。

（三）实用示例

水的实用示例展示如图 2-26 所示。

• 食品工业

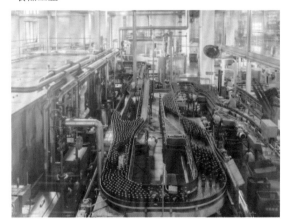

啤酒厂

• 纺织印染工业

靛蓝印花布民间传统织染工艺

• 造纸工业

造纸

• 钢铁工业

热轧宽带钢喷水降温

• 动力和供热设备

锅炉（来源：慧聪网）

• 船舶推进动力

水翼艇（来源：游艇业杂志）

图 2-26　水的实用示例

二、农业用水

"雨露滋润禾苗壮",没有水,植物就无法生长;对于水产业,鱼儿离不开水,更是以水为家;那么养殖业呢? 动物本身需要饮水,而它们的食物——无论是食草动物还是食肉动物,归根结底也是离不开水的滋养。

水是农业的命根!

(一)农业是人类生存的命脉

人类生存生活的方方面面,都需要以农业为基础、为支撑、为依赖(表 2-2)。试看,一碗饭、一口菜、一块肉、一勺汤、一支纱、一尺布、一张纸、一根牙签……都与农业密不可分。正因为如此,从远古的采集经济到农业经济,再到工业经济和现代经济,农业由繁至简、由人工到智能,形成了庞大的体系。

表 2-2 农业分类

分类	亚分类	示例
作物种植类	谷物及其他作物的种植	谷物:如稻谷、小麦、玉米、高粱、小米
		薯类:如马铃薯、甘薯、木薯
		油料:如花生、油菜籽、芝麻、向日葵
		豆类:如大豆、豌豆、绿豆、红小豆、蚕豆
		棉花
		麻类:如亚麻、黄红麻、苎麻、大麻
		糖料:如甘蔗、甜菜
		烟草
		其他作物:如除虫菊、染料作物
	蔬菜、园艺类的种植	蔬菜:如叶菜、根茎菜、瓜果菜、菌类菜
		花卉:各种鲜花和鲜花蓓蕾
		其他园艺作物:如盆栽、花木、草坪
	水果、坚果和香料作物的种植	水果、坚果的种植:如苹果树、香蕉树、梨子树
		茶及其他饮料作物:如茶、可可、咖啡
		香料作物
	中药材的种植	如当归、地黄、五味、人参、枸杞

分类	亚分类	示例
林业类 林木的 培育和 种植	育种和育苗	苗的种植和培育;林木种子的培育
	造林	在荒山、荒地、沙丘和退耕地的种植
	林木抚育管理	对林木的养护管理
	林产品采集	各种林木产品和其他野生植物的采集
畜牧业类	牲畜的饲养	对猪、牛、羊、马、驴、骡、骆驼等主要牲畜的饲养
	家禽的饲养	如鸡、鸭、鹅、驼鸟、鹌鹑等禽类的孵化和饲养
	狩猎和捕捉	如对各种野生动物的捕捉
	其他畜牧业	如各种观赏类、经济类、珍稀类、饲料类等动物的饲养
渔业类	养殖类	如海水养殖、内陆养殖
	捕捞类	如海水捕捞、内陆捕捞

(二)水是农业生产的命根

植物含有大量的水,约占总体积的 80%,蔬菜含水为 90%～95%,水生植物含水达 98% 以上。植物瓜果的肉质部分含水量可超过 90%,幼嫩的叶子为 80%～90%,根为 70%～95%,树干则平均为 50%,休眠芽约为 40%。含水最少的是成熟的种子,一般仅 10%～14%,或更少。

植物虽然满身含水,但作物一生都在消耗水。以陕西省关中地区为例,按照陕西省用水定额标准,就可以查见农作物种植时需要的灌溉水量(针对正常降水年份),见表 2-3。

表 2-3　农作物种植所需水量表

品种	水稻	小麦	棉花	大豆、花生	蔬菜	苹果
需水量/(吨·亩$^{-1}$)	500～590	80～100	80～100	60	230	70～120

同样,对动物而言,水既是其生命体的重要组成,直接参与形成细胞结构;水又是输送营养、排泄废物、调节体温、润滑器官不可或缺的介质,借此方能生存和生长。这里以陕西省的用水标准为例,一般养殖场每头家畜或每只家禽每天的需水量见表 2-4。

表 2-4　动物所需水量表

品种	奶牛	牛、马、驴	羊	猪	家禽
需水量/(千克·头$^{-1}$)	80	55	10	30	2

我国在工农业用水中,农业用水约占 70%,其中农业灌溉的用水量约占农业用水量的 90%。

1. 水稻种植

水稻是草本稻属的一种,是世界主要粮食作物之一,世界上近 1/2 人口都以大米为食。水稻原产于中国,栽培历史已有上万年。中国水稻播种面积占全国粮食作物面积的 1/4,而产量则占全国粮食产量的 1/2 以上。

水稻主要种植在水田里,其生长过程中所需水量即每收获 1 千克稻谷需要耗水几百千克至上千千克(总需水量的 60%~80% 系稻田蒸发量)。因此只有保持土壤充足的水分,才能保证水稻正常的生长活动,利于分蘖、抽穗、扬花、结实,保留必要的水供给是获得高产的必要条件(图 2-27)。

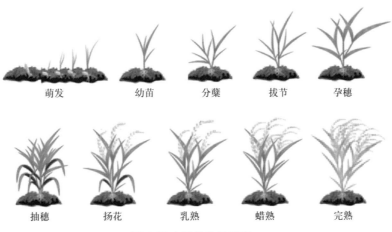

萌发　幼苗　分蘖　拔节　孕穗

抽穗　扬花　乳熟　蜡熟　完熟

图 2-27 水稻的生长过程

2. 棉花种植

水是棉花植株体内含量最多的组成成分,水分占棉花植株鲜重的 3/4 以上。

棉花是深根植物,较耐旱。但水分是棉花正常生长发育和高产的必要条件。据测定,每 1 千克干物质(包括根、叶、枝、铃)需耗水 700~1000 千克;生产 50 千克皮棉,约需 350 吨水量,相当于 520~600 毫米的降水量。

3. 树木种植

树木是一种高大的木本组织植物,由"枝"和"干"还有"叶"呈现,一般存活几十年,甚至几百年以上。按照现代科学的观点来看,树木王国究竟给人们带来了什么? 专家们列出了树木的十大作用。

(1)光合作用:吸收二氧化碳,释放氧气。

(2)蒸腾作用:调节空气湿度,参与自然界的水循环。

(3)保土作用:根能抓住泥土,防止水土流失。

(4)屏障作用:挡风拦砂。

(5)美化环境:园林绿化。

(6)文化价值:木雕、根雕、造型艺术。

(7)工业价值:木材、木制品、建筑。

(8)药用价值:制成药材。

(9)防尘降噪:树木是优秀的粉尘过滤器,40 米宽的林带可减弱噪声 10~15 分贝。

（10）杀灭细菌：树木的分泌物具有杀菌作用。调查表明，林区与百货大楼空气中的含菌量竟然相差7万多倍。

然而，树木究竟能否生长以及长成什么样子就要看降水量的多少了。与其他作物相比，树木吸收消耗的水分量是很大的。一棵橡树一天大约消耗570千克水，而一株玉米只消耗2千克水。树木所吸收的水分绝大部分消耗于蒸腾作用，用于体内有机物质的合成一般仅占0.5％～1.0％。

4. 养猪

畜牧业是我国农业中的重要产业，而养猪作为畜牧业的重要组成部分，对保障肉食品安全供应有重要作用。

猪体内55％～75％由水组成，出生重1.5千克仔猪的体内水分含量高达体重的82％，水是其不可缺少、也不可替代的重要组分。同时，水还参与了其机体内一切生理、生化过程。规模化猪场对环境的控制（如冲洗、消毒、降温、保健等方面）也需要用大量的水。

一个年产万头猪的养猪场（图2-28）用水量按照存栏猪4000～5000头计算，每日用水量在100吨左右（图2-29），其中饮用水约为30吨，占总供水量的30％。年消耗水量约为36 500吨，其中饮用水在10 000～12 000吨之间。

图2-28　养猪场

图2-29　养猪场饮水器

5. 养鸭

鸭子是由野生绿头鸭和斑嘴鸭驯化而来的，是一种常见的家禽。鸭子属水、陆两栖动物，但它不能在水中待太久，是卵生动物。

鸭子喜水，最好在水边饲养。稻田养鸭是一种生态的饲养方式，可以作为绿色优质大米生产的一个辅助性产业。稻田给鸭子提供了水环境和食物，鸭子则承担水稻的生物防治工作。

鸭子以水中的小动物（鱼、虾、泥鳅等）、植物（水草、稗子、稻子等）为食。

鸭肉中的脂肪酸熔点低，易于消化，所含B族维生素和维生素E较其他肉类多，能有效抵抗脚气病、神经炎和多种炎症，还能抗衰老。鸭肉中含有较为丰富的烟酸（化学名称吡啶-3-甲酸），对心肌梗死等心脏疾病患者有保护作用。

三、水能利用

水能的利用有很多,在本章第一节中介绍了古代人类就有许多巧妙的发明。现在常见而重要的利用就是水力发电,即利用水的重力势能转变成动能,推动叶轮旋转发电,如大坝水电站;或直接利用水的动能,如波浪、潮汐、海流进行发电。

水是非常好的清洁能源。风能和太阳的热能引起水的蒸发,形成水蒸气,水蒸气又形成了雨和雪,雨和雪的降落形成了河流和小溪,水的流动产生了能量。这是大自然赐予的可再生的不竭能源。

水能资源可以表现为水体的动能、势能、热能和压力能等能量资源,蕴含于河流、溪水、瀑布、温泉、潮汐、波浪、海流之中。

人类利用水能的历史悠久,但早期局限于将水能转化为机械能,直到高压输电技术发展、水力交流发电机发明后,水能才被大规模开发利用。目前水力发电几乎为水能利用的唯一方式,故通常把水电作为水能的代名词。

(一)江河水能的利用

我国是世界上水能资源最丰富的国家之一。根据最新的水能资源普查结果,我国江河水能理论蕴藏量为6.94亿度,理论发电量6.08万亿度(千瓦时),水能理论蕴藏量居世界第一位;我国水能资源的技术可开发量为5.42亿度、年发电量2.47万亿度,经济可开发量为4.02亿度、年发电量1.75万亿度,均名列世界第一。

水力发电利用的是水流中的能量,不消耗水量(图2-30)。因此水资源可综合利用,除发电以外,可同时兼得防洪、灌溉、航运、供水、水产养殖、旅游等方面的效益,进行多目标开发。

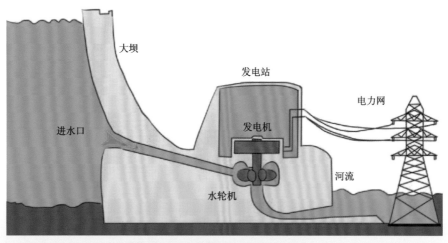

图2-30　大坝水电站的基本结构

世界上规模最大的水电枢纽工程——三峡水电站,于1992年获得中国全国人民代表大会批准建设,1994年正式动工兴建,2003年6月1日下午开始蓄水发电,于2009年全部完工。三峡水电站的功能有十多种,主要用于防洪、航运、发电、旅游等。

水
SHUI

三峡水电站大坝高程185米,蓄水高程175米,水库长2335米。三峡水电站最后一台水轮发电机组于2012年7月4日投产,这意味着,装机容量达到2240万千瓦的三峡水电站已成为全世界最大的水力发电站和清洁能源生产基地。

截至2022年年底,三峡水电站累计发电量达15 816.25亿千瓦时。在确保三峡工程全面发挥防洪、航运、水资源利用等综合效益的前提下,三峡水电站2020年全年累计生产清洁电能1118亿千瓦时,打破了此前南美洲伊泰普水电站于2016年创造并保持的1 030.98亿千瓦时的单座水电站年发电量世界纪录。此外,三峡水电站2020年所生产的清洁电能可替代标准煤约3439万吨,减排二氧化碳约9402万吨、二氧化硫2.24万吨、氮氧化物2.12万吨。这些数据充分展示了三峡水电站的巨大发电能力和环保成效。

图2-31 三峡水电站

(二)海洋水能的利用

海洋中还蕴藏着巨大的潮汐、波浪、海流、盐差和温差能量。据估计,全球海洋水能资源为760亿千瓦,是陆地河川水能理论蕴藏量的15倍多,其中潮汐能为30亿千瓦,波浪能为30亿千瓦,盐差能为300亿千瓦,温差能为400亿千瓦。

1. 海洋潮汐发电

海洋潮汐发电与普通水利发电原理类似(图2-32)。在适当的地点建造一个大坝,涨潮时,海水从大海流入坝内水库,带动水轮机旋转发电;落潮时,海水流向大海,同样推动水轮机旋转发电。因此,海洋潮汐发电所用的水轮机需要在正、反两个方向的水流作用下均能同向旋转。海水与河水的差别在于,蓄积的海水落差不大,但流量较大,并且呈间歇性,因而海洋潮汐发电的水轮机结构需要具有适合低水头、大流量的特点。

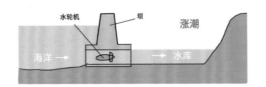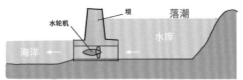

图 2-32　海洋潮汐发电原理图

目前世界上最大的海洋潮汐电站是法国的朗斯潮汐电站（1966 年投运），装机容量 24 万千瓦。我国第一个海洋潮汐电站是 1958 年建成的广东鸡州潮汐电站，装机容量 40 千瓦。1985 年建成的浙江江厦海洋潮汐电站，总装机容量 3200 千瓦，是我国最大、世界第三的海洋潮汐电站。

2. 海洋波浪发电

大海波涛万顷，巨浪滔天，波浪中蕴藏着极其巨大的能量。据测算，海浪的冲击力每平方米达 20～30 吨，最高达 60 吨。巨大的海浪能把十几吨重的岩石抛到 20 米高处，也可把万吨巨轮推上岸。

波浪能的利用被称为"发明家的乐园"，吸引了许多发明者的巨大兴趣。现在全世界波浪能利用的机械设计数以千计，获得专利证书的也达数百件。如一种漂浮在海上名为 Pelamis 的波浪能发电装置，酷似一条海蛇，其工作原理是将金属海蛇的嘴垂直于海浪方向，其关节依靠海浪推动相互铰接的金属圆筒，像海蛇一样随着海浪上下起伏；铰接处的上下运动与侧向运动的势能将推动金属圆筒内的液压活塞做往复运动，从而使高压油驱动发电机发电（图 2-33）。

图 2-33 波浪能发电机

48

3. 海流发电

海流,亦称洋流,指的是海洋中海水沿着一定方向、速度稳定的大规模运动,它是在风,海水的热对流、盐度差,以及地球自转的偏转力等许多因素在特定的时间与空间内综合作用下形成的。

海流发电是利用海洋中部分海水沿一定方向流动的海流和潮流的动能发电(图2-34)。海流发电装置的基本形式与风力发电装置类似,故又称为"水下风车"。

浙江杭州绿盛集团有限公司聚集专家,经过8年研究开发,于2017年在舟山岛新区投资2.2亿元创建了目前世界上唯一一台能够全天候并网海流发电的机组,装机容量是3.4兆瓦。

图 2-34　海流发电机组

另外,还有海洋温差能发电、海水盐差能发电,由于技术和效率等因素目前尚无实际的应用。

(三)地热水能的利用

地热是来自地球内部由放射性元素裂变而产生的一种能量资源。地球上火山喷出的熔岩温度高达1200～1300℃,天然温泉的温度大多在60℃以上,有的甚至高达100～140℃。这说明地球是一个庞大的热库,蕴藏着巨大的热能。

1981年8月,在肯尼亚首都内罗毕召开了联合国新能源会议,据会议技术报告介绍,全球地下热能的总量约为煤全部燃烧所放出热量的1.7亿倍,相当于全球能源消耗总量的45万倍。

数据显示,我国地热资源约占全球资源量的1/6。其中,浅层地热能资源量每年相当于95亿吨标准煤,中深层地热能资源量相当于8530亿吨标准煤,干热岩资源量相当于860万亿吨标准煤。在能源消费结构中,地热利用每提高1个百分点,相当于替代标准煤3750万吨,减排二氧化碳约9400万吨。

西藏自治区是中国地热活动最强烈的地区,地热蕴藏量居全国首位,高温地热资源占全国地热总量的80%,地热资源发电潜力超过100万千瓦。

地热资源主要以水为介质进行各类开发利用。在古代,人类早就设法直接利用天然温泉的水热能资源,如利用温泉沐浴、医疗,利用地下热水取暖、建造农作物温室、水产养殖及烘干谷物等。但真正认识地热资源并进行较大规模的开发利用却是始于20世纪中叶。

地热能是一种新的洁净能源,在当今人们的环保意识日渐增强和能源日趋紧缺的情况下,对地热资源的合理开发利用已愈来愈受到人们的青睐。在地热利用规模上,我国近些年来一直位居世界前列,并以每年近10%的速度稳步增长。

1. 地热能发电

地热能发电是地热利用的最重要方式。地热能发电的过程,就是利用地下的天然蒸汽和热水,将地下的热能带到地面上来,通过发电机把热能首先转变为机械能,再把机械能转变为电能。地热能发电的方式可分为蒸汽型地热发电和热水型地热发电两大类。

西藏自治区著名的羊八井地热田是我国兴建的第一座地热电站(图2-35),自1977年9月建成试验发电以来,装机容量已达25.15兆瓦,占拉萨电网总装机容量的41.5%。

图2-35 西藏羊八井地热电站

2. 地热能供暖

将地热能直接用于采暖、供热和供热水是仅次于地热发电的利用方式(图2-36)。因为该方式既简单、经济,又减少了环境污染,备受各国重视,特别是位于高寒地区的西方国家,其中冰岛开发利用得最好。

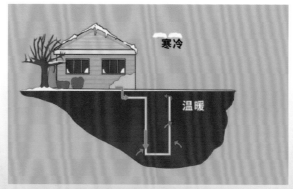

图2-36 地热能供暖原理图

3. 地热能工业应用

利用地热给工厂供热,如用作干燥谷物和食品的热源,以及用作硅藻土生产、木材、造纸、制革、纺织、酿酒、制糖等生产过程的热源,都很节能环保,应用前景非常广阔。我国中西部地区地热水中含有许多贵重的稀有元素、放射性元素、稀有气体和化合物,如溴、碘、硼、钾、氦、钾盐等,是国防工业、原子能工业、化工工业及农业中不可缺少的原料。

4. 地热能农业应用

利用温度适宜的地热水灌溉农田,可使农作物早熟增产;利用地热水养鱼,在28℃水温下可加速鱼的育肥,提高鱼的出产率;利用地热建造温室,有助于育秧(图 2-37)、种菜、养花和孵化禽类;利用地热给沼气池加温,增加沼气的产量等,效益显著。

日本开发了利用地热能给土壤消毒的技术。经过地热能消毒过的土壤种植花卉,不仅减少了病虫害,还提高了花卉的质量,色泽更加鲜艳,保鲜期更长,受到了消费者的青睐,也增加了花农收入。

图 2-37 地热暖棚

5. 地热能医疗应用

地热能在医疗领域的应用也有诱人的前景,热矿水就被视为一种宝贵的资源,世界各国都很珍惜。由于地热水是从很深的地下提取到地面,除温度较高外,常含有一些特殊的化学成分、气体成分、少量生物活性离子以及放射性物质等,从而使它具有一定的医疗效果。如含碳酸的矿泉水供饮用,可调节胃酸、平衡人体酸碱度;含铁矿泉水饮用后,可治疗缺铁性贫血症;氢泉、硫水氢泉洗浴对神经衰弱和关节炎、皮肤病等有一定功效。

6. 休闲旅游

由于温泉的医疗作用及伴随温泉出现的特殊的地质、地貌条件,使温泉常常成为旅游胜地(图 2-38),吸引大批疗养者和旅游者。在日本就有 1500 多个温泉疗养院,每年吸引 1 亿人到这些疗养院休养。

图 2-38　温泉

第四节　水与科技

一、水的科学原理

1.帕斯卡定律

封闭容器中的静止流体的某一部分发生压强变化,将大小不变地向各个方向传递。

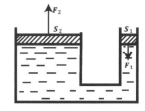

图 2-39　帕斯卡原理图

这个理论由法国的 B·帕斯卡在 1653 年提出,并利用这一原理制成了水压机(图 2-39～图 2-41)。

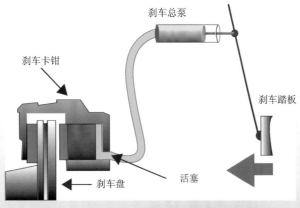

图 2-40　应用于刹车系统

刹车总泵

刹车卡钳

刹车踏板

活塞

刹车盘

图 2-41　应用于水压机

2. 伯努利原理

动能＋重力势能＋压力势能＝常数。最著名的推论:等高流动时,流速越快,压力就小。

这个理论由荷兰的丹尼尔·伯努利于1726年提出,用于机翼、螺旋桨、喷雾器等设计(图2-42)。

可以用两张纸直观地表现出伯努利现象:两张纸放在嘴边,对着两张纸的中间吹气,两张纸不会分开,反而会像中间靠拢(图2-43)。

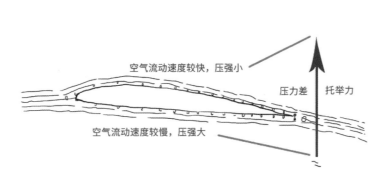

图 2-42 应用于飞机机翼或螺旋桨页面的设计

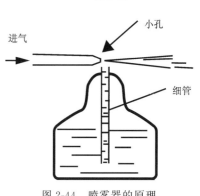

图 2-43

利用这个原理发明了喷雾器:让空气从小孔高速流出,小孔附近的压强变小,而容器里液面上的空气压强不变则其压强就大于小孔口处压强,于是通过细管将液体压至细管的上口流出,经空气流的冲击形成雾状喷射(图2-44)。

3. 阿基米德原理

浸入静止流体中的物体受到一个浮力,其大小等于该物体所排开的流体重力,方向垂直向上。

阿基米德理论由古希腊"力学之父"阿基米德提出,是船舶静力设计的基础(图2-45)。

图 2-44 喷雾器的原理

阿基米德泡澡时获得了灵感

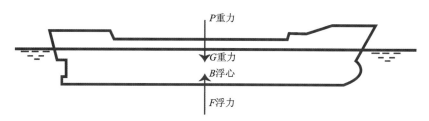

图 2-45　阿基米德原理应用于船舶静力设计（重力＝浮力）

4.虹吸现象

虹吸现象是液态分子间引力与位能差造成的,即利用液柱压力差,使液体通过倒"U"形管实现先上升后再流到低处的现象(图2-46)。

虹吸是大自然的赐予,是人类利用大气压与真空之间存在的压差及落差势能,源源不断地提供永不衰竭的能量支持,从而达到自动抽吸引水之用。采用虹吸管输送流体无需任何外加动力,是极好的节能环保技术,应用领域广泛,诸如马桶抽水(图2-47)、长距离引水、水力发电、溢洪灌溉、水库清淤、地下水回灌、建筑排水、市政排水、水利工程、海底矿石采吸等。

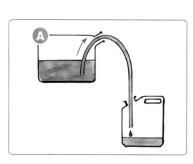

图 2-46　虹吸原理

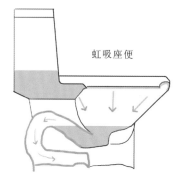

图 2-47　应用于抽水马桶,隔臭防虫

我国古代就有各种运用虹吸原理的创造发明,非常巧妙实用(图2-48)。

图 2-48　应用于计时器的宋代《莲花漏》

在浙江省杭州市近郊区黄石垅水库大坝上，我国自行研制、获得国家专利的虹吸管，创造了世界最大直径虹吸管吉尼斯纪录。这条虹吸管直径1520毫米，全长96米，高8米。开辟了超大型虹吸管在水库自动抽吸引水的范例，具有极大的经济效益。

5. 谢皮罗现象

在北半球排放浴缸里的水时，水会形成逆时针方向的涡流，从排放口流出。

20世纪40年代，美国麻省理工学院的科学家谢皮罗，在洗澡时最先留意到这个现象。据此推知飓风、龙卷风在北半球逆时针旋转，在南半球顺时针旋转。同理可知，北半球由南向北流的河流，总是东岸被水侵蚀的比较厉害。

6. 毛细现象

液体表面对固体表面的吸引力导致毛细作用。水沿着有空隙的材料往上"爬"，或向四周扩散的现象为毛细现象（图2-49）。

在自然界和日常生活中有许多毛细现象的例子。植物茎内的导管就是植物体内极细的毛细管，它能把土壤里的水分吸上来（图2-50）。酒精沿着棉线上升（图2-51）、干布擦水（图2-52）、粉笔吸墨水等都是常见的毛细现象。在这些物体中有许多细小的孔道，起着毛细管的作用。

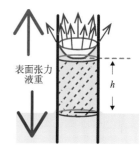

图2-49 毛细作用，管内的水会上升而高于管外

图2-50 花盆自动供水

图2-51 酒精沿着棉线上升

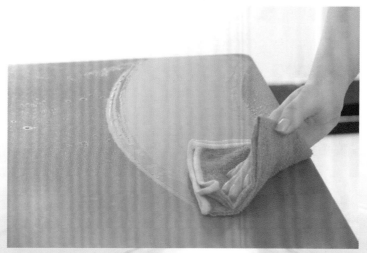

图2-52 干布擦水

二、水的"革命"

在人类社会文明发展的历程中,是水开启了人类从农业社会走向工业社会的伟大变革。

英国著名的发明家瓦特(1736—1819年)出生于英国造船中心格拉斯哥附近的格林诺克小镇的工人之家,他从小好奇心强,好问、好学、好动,看到炉子上的水壶在水烧开后会冒出蒸汽,而蒸汽则冲得水壶盖啪啪的跳动,于是就萌生了能否让那冲劲十足的蒸汽干点正经事的想法。瓦特15岁读完了《物理学原理》,17岁开始当学徒工。此后,他才真正投入了蒸汽机的研制和发明中,一发而不可收。

1757年,瓦特到格拉斯哥大学当教学仪器修理工。那里既有完备的实验设施和各种仪器,又有许多著名的学者和专家,这些都给瓦特提供了极其有利的条件。1769年,瓦特在大量试验的基础上,经过了无数次失败,终于制成了一台单动式蒸汽机,并获得了第一台蒸汽机的专利权。1782年,瓦特又成功研制出一种新式双向蒸汽机,并且可以广泛地应用在各种机器上。1788年,英国政府正式授予瓦特制造蒸汽机的专利证书。1775—1800年,瓦特和波尔顿合办的苏霍工厂,共制造出183台蒸汽机,均用于纺织业、冶金业和采矿业。到了19世纪30年代,蒸汽机推向了全世界,从此人类社会进入了"蒸汽时代"。

蒸汽机(图2-53),拉开了工业革命的序幕。人类开始能以蒸汽为动力,用机器来代替自然力(人力、畜力、风力、水力),并大大提高了生产力。

我们要感谢瓦特,也要感谢水!

图 2-53　蒸汽机

第三章　水之殇

地球被称为水球,然而能够供人类可用的淡水仅为"冰山一角",而且时空分布不匀。可是,多数人并不珍惜水,不仅随意浪费,更是恣意污染,致使水的危机日趋严峻。

第一节　资源不足

一、地球上的水资源

1. 全球水资源现况

地球上虽然有 71% 的面积被水所覆盖,但淡水资源却极其有限。地球表层水体构成了水圈,包括海洋、河流、湖泊、沼泽、冰川、积雪、地下水和大气中的水。

在全部水资源中,97.5% 是无法饮用的咸水。在余下的 2.5% 的淡水中,有 87% 是人类难以利用的两极冰盖、高山冰川和永冻地带的冰雪。

世界淡水资源最丰富的大洲是南极洲,南极洲面积约 1400 万平方千米,95% 以上的区域常年被冰雪覆盖,形成一个巨大而厚实的冰盖,它的平均厚度达 2450 米,冰雪总量约 2700 万立方千米,占全球冰雪总量的 90% 以上,储存了全世界可用淡水量的 72%。有人估算,这一淡水量可供全人类使用 7500 年!

地球上水的总量约 13.6 亿立方千米。其中海洋有 13.2 亿立方千米(占 97.1%),冰川和冰盖有 2500 万立方千米(占 1.8%),地下水有 1300 万立方千米(占 0.9%),湖泊、内陆海和河流的淡水有 25 万立方千米(占 0.02%),大气中的水蒸气有 1.3 万立方千米(占 0.001%),见图 3-1。

据世界水日数据,人类可利用的水资源只是江河湖泊和地下水中的一部分,仅占地球总水量的 0.26%,而且分布不均。

2. 世界水资源的分布

世界水资源的分布多寡不匀,且日趋匮乏。

从图 3-2 可以看出,南美洲、北美洲、欧洲和亚洲的北部是大片绿色,即水资源较为丰富,而非洲和亚洲南部深红色与橘黄色区域则属于缺水和严重缺水地带。

地球上水的总量约13.6亿立方千米

海洋占97.1%

冰川和冰盖占1.8%　　湖泊、内陆海和河流占0.02%

地下水占0.9%　　大气中的水蒸气占0.001%

人类可利用的水资源只是江河湖泊和地下水中的一部分,仅占地球总水量的0.26%。

图 3-1　全球水资源空间分布

中国平均每人每年的水资源量约 2355 立方米,超过一个奥林匹克标准游泳池的容量。而瑞士,平均每人每年有接近 5000 立方米的水资源量。但是,像非洲的尼日尔平均每人每年只有不到 200 立方米的水资源量。

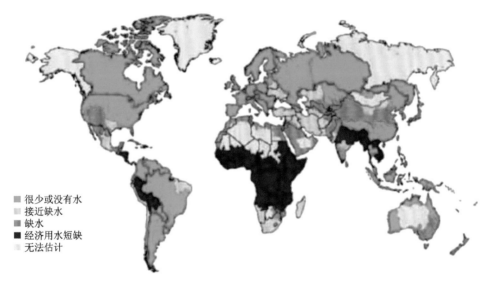

■ 很少或没有水
□ 接近缺水
■ 缺水
■ 经济用水短缺
□ 无法估计

图 3-2　世界水资源分布示意图

二、中国的水资源

我国水利部门近期资料显示:我国水资源总量并不少,约 2.8 万亿立方米,排名居世界第 6 位。但人多地广、旱涝灾害频繁、水资源时空分布不均、水土资源与生产力布局不匹配是我国长期无法改变的基本国情。

1. 人均水量少

中国幅员辽阔,人口众多,人均水资源量约 2355 立方米,仅为世界平均水平的 1/4,居世界第 109 位(按 149 个国家统计,统一采用联合国 1990 年人口统计结果);耕地亩均水资源量 1440 立方米,为世界平均水平的 60%。我国属于严重缺水的大国,已经被联合国列为 13 个贫水国家之一(图 3-3)。

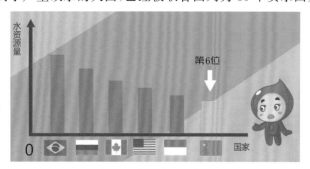

图 3-3　中国水资源排名

2. 资源分布不匀

我国水资源的时空分布不均,与耕地、人口的地区分布也不相适应。在全国水资源总量中,耕地约占 36%、人口约占 54% 的南方,水资源占 81%;而耕地占 45%、人口占 38% 的北方,水资源仅占 9.7%。

3. 降水的差异

降水量年内、年际分布不均,有 70% 左右的雨水集中在夏、秋两季(图 3-4)。

中国的气候大部分是温带季风气候,随着纬度的不同气温和降水都会变化。

年降水量总体上是北方少、南方多,东部多于西部。

中国降水最多的地区多集中在东南部,特别是台湾岛的火烧寮,年平均降水量达 6000 毫米以上;而我国西北的大沙漠地区降水十分稀少,有些地区年平均降水量不到 10 毫米。

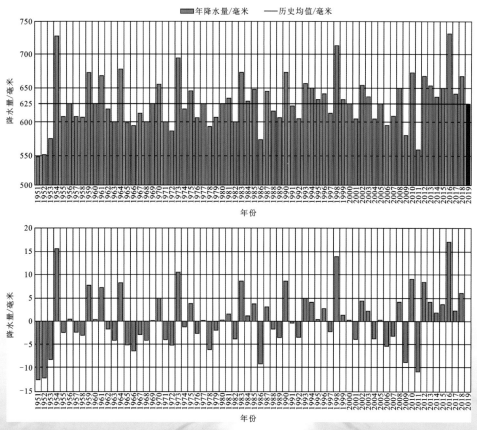

图 3-4　历年全国年降水量及距年百分率图(来源:中华人民共和国水利部官网)

第二节　消耗与浪费

一、需求巨大

(一)水的需求

假如一个国家或者地区每年的人均水资源量(淡水)少于1700立方米,我们说这个地区的水资源紧张。假如少于1000立方米,我们说这个地区水资源短缺。

其实,人每天直接饮用和生活消耗的水并不多,而最大的消耗主要在农业生产、养殖所需等方面。

近几年,我国总供水量在5500亿立方米左右。我国工农业用水量达到全国总用水量的90%,其中,工业用水占20%,农业用水占70%以上,家庭和市政用水占比不到10%。

(二)用水量的比较

1. 日常生活和工业用水

在日常的平均消耗水量中,我们直接用量所占比重很小,还不足10%(图3-5)。

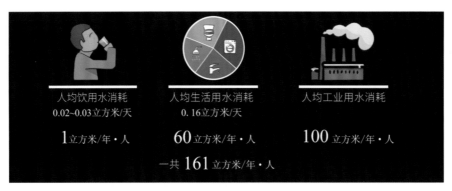

图3-5　水资源人均年消耗量

2. 食物生产用水是"大老虎"

比如,生产1千克的小麦需要1～2立方米的水去浇灌它,可以说粮食就是浓缩的水。

假如我们用粮食去喂养牲畜,那就是第二次浓缩水。1千克的牛肉在生产过程中会消耗10～15立方米的水,总共加起来,每人每年吃的食物里面耗费的水就有1200～1500立方米(图3-6)。

再比如,生产1立方米的葡萄酒,就需要900立方米的水来浇灌葡萄树。

图 3-6　吃的不同食物里面消耗相当的水量示意图

二、浪费惊人

1.利用率低

(1)工业用水:我国一方面水资源严重短缺,同时又存在利用率低下、严重浪费的现象。目前,工业用水平均重复利用率约为52%。在国内地区间、行业间、企业间的差距也较大:重复利用率最高可达97%,而最低的只有2.4%,单方水的GDP产出仅为世界平均水平的1/3。

(2)农业用水:我国农业灌溉用水量大约为3600亿立方米,占全国总供水量的65%左右。农业用水低效现象普遍存在,我国目前的农业用水有效利用率只有45%,也就是说有大部分的水在输送和灌溉过程中被白白浪费掉了,不能被农作物利用。而先进国家农业灌溉水的有效利用率高达70%以上;我国单方水粮食生产能力只有1千克左右,而先进国家为2千克,以色列达2.35千克。说明我国目前的农业灌溉用水利用率、生产效率都很低,若采用先进的节水灌溉技术措施,将水的利用率提高到60%,则灌溉面积可以是现在的1.3~1.5倍。

(3)生活用水:我们对水的多次利用、重复利用、再生利用,以及用雨水、海水的替代利用等都还没有引起普遍的重视,全国城市生活污水集中处理率平均为63.42%,无法与先进国家相比。

2.浪费

(1)节水意识不强:水资源短缺现状的宣传教育力度不够,科学有效使用水资源的引导和监督不到位,工农业和生活节约用水管理处于缺失状态,民众节水意识淡薄,各行各业用水浪费现象普遍存在。

(2)"跑、冒、滴、漏":不少乡镇企业供水管道和用水设备"跑、冒、滴、漏"现象严重,浪费和漏失的水量高于取水量的15%。

据统计,全国每年由于管道的"跑、冒、滴、漏"造成的漏水量达到几十亿立方米,相当于十几个武汉东湖的水量!所以我们要珍惜每一滴水(图 3-7)。

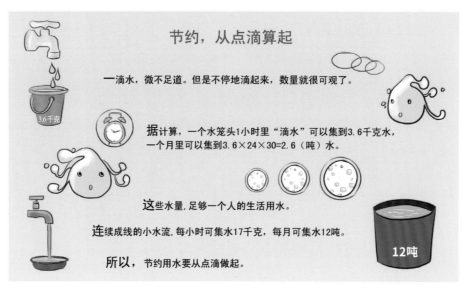

图 3-7　节约用水

第三节　污染严重

水的污染有两类:一类是自然污染;另一类是人为污染。后者从污染的性质来看又可分为以下三种。

化学性污染——含无机污染物质、无机有毒物质、有机有毒物质、需氧污染物质、植物营养物质、油类污染物质。

物理性污染——含悬浮物质污染、热污染、放射性污染。

生物性污染——生活污水,特别是医院污水和某些工业废水污染水体后,往往还带入一些病原微生物。

一、生产生活的污染

我国因粗放型发展模式致使水资源遭受严重污染(图 3-8),全国每年排放污水高达 360 亿吨,除 70% 的工业废水和不到 10% 的生活污水经处理排放外,其余污水未经处理直接排入江河湖海,致使水质严重恶化,污水中化学需氧量、重金属、砷、氰化物、挥发分等都呈上升趋势。

水污染的来源除图 3-9 所列外,还须特别关注电子垃圾、塑料制品、抗生素的可怕污染。

1. 工业废水

我国城镇工业废水排放量约占总排水量的 49%,由于多种有毒有害物质随工业废水排入水体,导

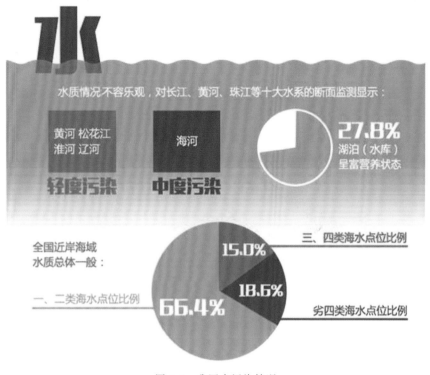

图 3-8　我国水污染情况

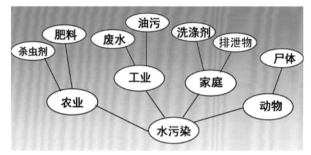

图 3-9　水的污染[来源:《科学课》六年级下册——污水及污水处理]

致部分水源被迫弃用,加剧了水资源的短缺。

工业废水主要来自矿山、冶炼、电解、电镀、制药、油漆、颜料、印染等企业排出的废水(图 3-10)。废水中含有大量的重金属离子或化学物质,有些还含致癌、致畸物,毒性大,严重污染环境,危害人类健康。

2. 农业废水

农业废水主要来自养殖场的排泄物和滥用乱用的抗菌素、激素,农田的农药、化肥、除草剂,以及动植物的残留污染。

(1)化肥:我国农作物亩均化肥用量 21.9 千克,远高于世界平均水平(每亩 8 千克),是美国的 2.6 倍,欧盟的 2.5 倍。从 1978 年到 2011 年,我国粮食增产了 87.4%,而化肥使用量却暴涨了 6.82 倍! 由于长期大量使用,进入土壤中的化肥,一部分未被作物吸收利用和未被根层土壤吸收固定,在土壤根层以下积累或转入地下水,成为污染物质。

[来源:《科学课》六年级下册——污水及污水处理]

工业污水

红色污水

河水垃圾

图 3-10　工业废水污染

（2）农药：中国 14 亿人，农药用量平均到每个人可达 2.67 千克！1980 年，中国农药产量不过 4 万吨；40 多年过去了，农药产量翻了近百倍！截至 2015 年在中国，农药企业近 4000 家，工信部批准的上规企业有 1506 家，研制农药种类达 1000 多种，而常见的害虫却只有 20 余种！据衢州市植保站分析：每年大量使用的农药仅有 0.1% 左右可以作用于目标病虫，99.9% 的农药则进入水体、土壤生态系统。最终这些农药通过食物链，都会进入到我们身体！

（3）重金属：全国约 10% 的耕地受重金属污染，其中镉、砷污染比例分别占受污染耕地面积的 40%。

3. 生活废水

生活废水是指人们在日常生活过程中所排出的废水，主要是被生活废料和人的排泄物所污染，一般并不含有毒物质。但是，它具有适于微生物繁殖的条件，含有大量细菌和病原体，从卫生角度讲有一定的危害性。另外，它也包括由于生活垃圾处理不当所造成的污水（图 3-11）。

各种各样的生活垃圾

村民们只好在这样的水塘里洗涤

图 3-11　生活废水污染

二、塑料制品泛滥引发的水污染

在过去的 50 年里,全球塑料生产的产量猛增了 20 倍(图 3-12),人类的活动给地球留下了 70 亿吨的塑料垃圾。2016 年的塑料产量是 3.2 亿吨,中国占了 1/4。

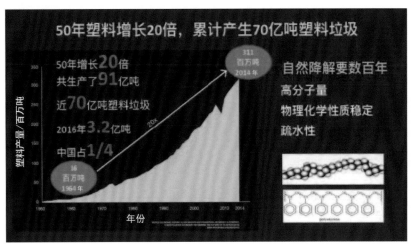

图 3-12 塑料制品泛滥

绝大多数塑料(89%)是一次性的,它们因便宜和实用而遍布世界,但也因此产生了巨大的环境问题。

当陆地装不了这么多垃圾,"聪明"的人类自然将目光瞄准海洋,每年约有 800 万吨塑料倒入海洋。

塑料会在海洋中堆积是因为它们不会被真正的分解或只是裂解成越来越小的碎片。

一只日常用的塑料袋 5 毛钱左右,但它造成的污染可能是 5 毛钱的 50 倍!一次性塑料用品化成的无数塑料微粒(直径通常小于 2mm),可以直抵北冰洋,也会进入深海鱼的体内。

"国际海滩清洁日"活动统计,每年在净滩活动中所收集的垃圾中,其数量最多的前 10 名榜单中,居然超过一半以上都是塑料制品垃圾。

按这个速度下去,用不了 10 年,1 千克重的鱼身边将有 330 克垃圾围绕。到 2050 年,海洋中的垃圾总量将超过所有鱼类的总重量,天真的海洋动物(包括海鸟),会把塑料垃圾当成食物进食,而因为无法消化,当胃里填满了塑料,最后只能挣扎着死去……即使没有误食塑料垃圾,被各种塑料制品缠绕着的海洋动物们,终究也难逃厄运(图 3-13)。

垃圾不会凭空消失,它们中很大一部分顺着水流汇聚到海里,最终在太平洋形成一个巨大的垃圾岛屿,环境科学家们将其称为"The Great Pacific Garbage Patch(太平洋垃圾群)":这个垃圾岛屿总重约 350 万吨,面积相当于 5 个英国,200 个上海市,臭气熏天。已发现至少 267 种海洋生物因误食海洋垃圾或被海洋垃圾缠住而备受折磨,鱼、海龟等吞食后会产生大量的毒素,最终由海洋生物、鸟类的身体进入人类的食物链中,危及人类自身。

这绝非危言耸听:再不全力遏制,我们的地球就会被塑料全覆盖。

图 3-13　塑料垃圾给生物生存带来威胁

第四节　危机突显

水及水所引发的危机已经清晰突显,破坏生态、威胁人类。

一、漠视环保,生态危机

天灾肆虐,人祸并行,生态失去平衡。河道断流、湖泊萎缩、土地龟裂、地面沉降、气候变暖、海水入侵等现象比比皆是。全球水体污染和水源枯竭殃及地表植被,沙漠正以每年数百万平方千米的速度扩大,生物物种也在以每年数千种的速度灭绝。

(一)水体污染

水体污染是指一定量的污水、废水、各种废弃物等污染物质进入水域,超出了水体的自净能力,从而导致水体及其底泥的物理、化学性质和生物群落组成发生不良变化,破坏了水中固有的生态系统,破坏了水体的功能,从而降低水体使用的价值。

我国水体污染状况在持续改善中。据生态环境部公布的数据,2023 年第四季度,全国 3641 个国家地表水考核断面中,水质属于优良(即Ⅰ—Ⅲ类)的断面比例为 89.6%,同比上升了 1.6 个百分点;而劣质(即劣 V 类)断面比例则为 0.7%，同比下降了 0.4 个百分点。

总的来说，我国地表水环境质量呈现出稳步提升的趋势，但治理工作仍然任重道远。需要继续加强重点区域大气环境治理，以进一步改善我国的水体污染情况。

中国唯一的内海，渤海，一年接受污毒水 28 亿吨，水体水质污染全部超标，海底泥含重金属超标 2000 倍。期待自然循环恢复正常需要 200 年，前提是不能再倒入一滴污水。

图 3-15 水污染给生物生存带来威胁

（二）地下水资源

我国约 1/5 的总供水量、1/3 的城市供水来源是地下水。在华北、西北广袤的干旱/半干旱地区，地下水往往是主要的甚至是唯一的供水水源。

地下水资源的问题表现为以下两个方面。

(1)地下水污染：北京大学城市与环境学院的学者指出，持续监测 2～7 年的 118 个城市中，64% 的城市地下水为严重污染，而地下水一旦被污染，要想净化，将耗费大量时间和金钱成本。国务院在 2019 年印发了《地下水污染防治实施方案》，进一步明确了地下水污染防治的具体措施和要求。

(2)地下水超采：华北平原是中国的大粮仓，生产超过中国 1/4 的粮食，但其水资源的人均拥有量只有全国平均量的 1/8，地表水不够就抽地下水。从 20 世纪 80 年代开始，地下水位就以每年 0.5～1 米的速度下降。超采带来的后果，包括湿地变干、河流枯竭、地面沉降，还有海水入侵，并导致地下水的水质持续恶化。

（三）全球变暖，海水上升

19 世纪工业革命前后，由于世界工业经济发展、人口剧增、人类欲望上升、生产生活方式无节制等因素，包括二氧化碳在内的温室气体在地球大气中的含量已近翻倍！由此带来全球气候变化已是不争的事实。

全球变暖（图 3-16），带来了一系列的灾变，特别是南北极地冰川大量融化，导致海平面大幅上升。

1. 极地高温，冰山消融

2018 年夏天，北极圈内，已经出现了 32℃ 高温。据

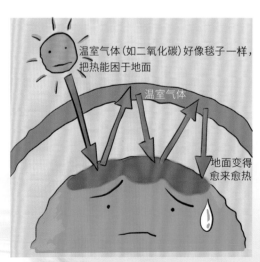

图 3-16 效应示意图(来源:金羊网)

悉,往年同期,这一地区的平均温度只有10℃。想象一下,如此高温,会让多少冰块融化?

在南极,一项由惠灵顿维多利亚大学的气候学者研究发现,在过去的25年里,已有3万亿吨冰从南极融化,而近6年这个"冷冻大陆"的冰层融化速度竟然翻了3倍。

2. 无处可逃的动物

极地动物世代生存的白色家园在加速变小、支离破碎,它们受到饥饿威胁而面临死亡(图3-17)。

图3-17　生活在南极大陆的企鹅

生活在南极大陆的4种企鹅,正在面临越来越严峻的生存环境。根据世界自然基金会的数据,一些群落中带帽企鹅的数量已经减少了30%～66%,就连南极熊也饿得瘦骨伶仃(图3-18)。

图3-18　瘦骨伶仃的南极熊

3. 全球变暖进入加速度的恶性循环

当冰块大量融化后,两极蓝色的部分(海水)比白色的部分(冰块)会更多,而深色更吸热,冰融化就会更快。

另外,科学家们还担忧,假如南极的永久冻土层解冻,那些被冻在土里的二氧化碳、甲烷等温室效应气体将被释放出来,则全球变暖就愈发加速!

4. 恶果连连

首先是海平面上升:据《国家地理》报道,假如覆盖南极、格陵兰岛、冰川等地的冰层全部融化,海平面会上升近 70 米,淹没绝大部分沿海城市,而那是人口最集中、最繁荣、最发达的区域。据计算机模型推测,如果人类不采取保护地球的措施,到 21 世纪末,全球海平面上升的预估值可能提高 2 米(图 3-19)。

图 3-19　海平面上升的后果

其次,冰融化可能会引发世界范围更频繁的特大地震、飓风以及火山喷发。

生物学家们还指出,南极洲的冰层里可能还储藏了一些可怕的史前病毒,随着冰层消融,它们会犹如恶魔出笼,后果不堪设想。

二、缺水、断水,生存危机

水已不是一种"取之不尽,用之不竭"的自然资源,干净可用的水而且还会越来越少。

1. 缺水

自 20 世纪 90 年代开始,全世界有 3/4 的农民和 1/5 的城市人口全年缺乏足够的生活淡水,因水而被迫背井离乡的人数已超过因战乱出逃的难民数量。

目前,中国缺水总量估计为400亿立方米,每年受旱面积200万～260万平方千米,影响粮食产量150亿～200亿千克,影响工业产值2000多亿元,全国还有7000万人饮水困难。

全国有40%以上的人口生活在缺水地区。北京每年缺水10多亿立方米,深圳每天至少缺水10万立方米。

学界统计,中国目前660座城市中有400多座城市缺水,2/3的城市供水不足,其中108个城市严重缺水,1.6亿多城市居民生活受此影响。

中央电视台《绿色空间》栏目报道:2020年,全球有近50个国家将面临严重的水短缺。到2030年,许多已经存在了几个世纪的城市的水资源将会枯竭。到2050年,地球上的总人数有可能翻倍,然而,地球上的水资源却有减无增。

2. 断水

2016年中央播报:济南趵突泉已经停涌,黑虎泉仁兽头8年来首次断流。内蒙古自治区地下水位下降了1米多,亚洲第一湿地已经干枯,再这样下去我们的草原将变成沙漠。

我国主要河流黄河自20世纪80年代以来,几乎年年出现断流,且断流流域不断延展,范围不断扩大,断流频数、历时不断增加,给工农业造成巨大损失,平均每年损失200亿元,同时断流也给沿岸居民的生活造成很大影响。

楼兰古城因为缺水,只剩下几处断垣残壁。罗布泊因为干涸,成为生命禁区。

地表水资源的稀缺造成对地下水的过量开采。20世纪50年代,北京的水井在地表以下约5米处便可打出水来,现在北京4万口井的平均深度达49米。

2010年,云南大旱(图3-20),国家启动二级救灾应急响应。

图 3-20　云南干旱

三、污水毒水，生命危机

没有水，当然无法生存；但即便有水，是污水、毒水，同样危及生命。

（一）触目惊心

前联合国秘书长潘基文在 2010 年第十八届世界水日上警告说，全世界饮用不卫生水而死亡的人数超过包括战争在内等一切暴力形式死亡的人数。

联合国驻安卡拉代表处曾在"世界环境日"发表声明说，全球发展中国家发生的所有疾病与死亡，有80％与水源有关！

央视报道：全世界 80％的疾病和全世界 50％的儿童死亡与饮用水水质不良有关（图 3-21）。饮用不良水质导致的疾病多达 50 多种！

不洁净的水为各种寄生虫、变形虫和细菌病菌提供了温床，时时刻刻都威胁着人类健康。

（二）重金属危害

（1）重金属对身体的危害非常可怕，见图 3-21。

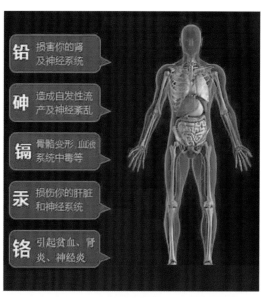

图 3-21　重金属污染，危害全身

（2）重金属主要来自电子垃圾。自 2005 年 3 月起，绿色和平组织在广东省贵屿镇及其周边地区（电子垃圾回收分拣地）共收集了 44 份环境样本，公布的检测结果表明，电子垃圾拆解过程中排出大量有毒重金属和有机化合物，导致空气、水体和土壤的重金属含量严重超标，水中的污染物超过饮用水标准达数千倍。对在贵屿外来从业人口进行的医学检查显示，在接受调查的人群中有 88％的人患有皮肤病、神经系统、呼吸系统或消化系统疾病，健康受到极大损害。

(三)抗生素危害

中国是世界上滥用抗生素最严重的国家之一,一方面"病人"积极主动地过度注射或服用抗生素,另一方面是养殖业滥用抗生素造成"富含抗生素食品"无条件地带给了所有人。

1. 直接危害

滥用抗生素的恶果是在杀菌的同时,也会造成对人体的损害,影响肝、肾脏功能,胃肠道反应等。中国7岁以下儿童因为不合理使用抗生素造成耳聋的数量多达30万人,占总体聋哑儿童的30%～40%,而一些发达国家只有0.9%。

可能导致二重感染:在正常情况下,人体的口腔、呼吸道、肠道都有细菌寄生,它们在相互拮抗下维持着平衡状态。如果长期使用广谱抗菌药物,敏感菌会被杀灭,而不敏感菌乘机繁殖,未被抑制的细菌、真菌及外来菌也可乘虚而入,诱发又一次的感染。

2. 间接危害

滥用抗生素会诱发细菌耐药:细菌也很聪明,它们为躲避药物在不断变异,"刀枪不入"的耐药菌株(超级细菌)也随之产生(图3-22)。细菌耐药已经成为全球严峻的公共卫生问题,常年世界卫生组织疾呼:"遏制耐药! 今天不采取行动,明天就无药可用!"

图 3-22　滥用抗生素

第四章 水之爱

水，值得爱、必须爱！水的品性令人爱中有敬，水的魅力让人爱而珍惜。"智者乐水""上善若水"——以水为镜、道法自然。知水、爱水、惜水、护水，应该是全方位、多角度、无时空的由衷而为，积久成习惯、习惯成自然、自然成禀赋，定格为德行修养、文化和文明。

第一节 节约用水

一、节水方法

只要思想能重视，办法总比问题多！详见图 4-1。

图 4-1 节水方法

二、生活节水

（一）情况调查

国家统计局对全国 5 万多户城镇居民家庭的抽样调查显示，我国家庭平均月消耗水量主要集中在 5～9.99 吨。

对于家庭而言，极少会去故意浪费水，多半是节水意识不强，没有养成良好的用水习惯。我国人口基数大，只要增强节水观念，在生活中纠正不良的用水习惯，就可节约大量的水资源（图 4-2）。

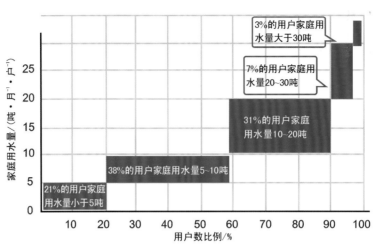

图 4-2　城市居民月均用水量调查

（二）家庭节水小妙招

1. 厨房节水妙招

• 洗菜使用水盆或水槽接水洗，不用流水冲洗（图 4-3）。
• 清洗炊具、餐具时，先用纸巾擦去油污再冲洗。
• 用淘米水、煮面汤、过夜茶清洗碗筷，去油又节水。
• 用煮蛋器代替大锅水煮蛋。

2. 卫浴节水妙招

• 选用节水型马桶（图 4-4）、水龙头、花洒。

图 4-3　一水多用

图 4-4　节水型马桶

- 洗手、洗脸、刷牙时应间断性放水。
- 利用废水冲马桶。

3. 洗衣节水妙招

- 集中洗衣，减少洗衣次数。
- 少量小件衣服建议手洗。
- 洗衣前先浸泡，洗衣液适量，减少漂洗次数。
- 漂洗后的水，留作他用。

(三)选用节水型器具和用品

(1)节水型水龙头有以下几个方面。

水龙头在进步：新型水龙头(图 4-5)比铸铁螺旋型的水龙头(图 4-6)节水 30％～50％。

图 4-5　新型水龙头　　　　　　图 4-6　螺旋型水龙头

- 轻触式接头：在普通水龙头的出水口加装接头，触碰其按钮状的突起便可控制水的开关，十分简单灵活(图 4-7)。
- 雾化器：在水龙头上装一个小配件，通过特殊的喷嘴设计，可将水雾化成为数以百万计的细密小水滴(图 4-8)。这样能极大地增加水的接触面积，让所出的水能被充分有效地利用，避免浪费。当然，如果你需要更多的水，也可以轻松地进行调节。

(2)节水型马桶：马桶是用水的"大哥大"，用水量占城市生活用水的 40％以上(图 4-9)。

有种名为"一杯水"的马桶(图 4-10)，是将抽水马桶历来采用的虹吸式排污方式，改为直接排污方案，不仅排污通畅，还无须水箱，避免故障和杜绝了漏水隐患。

用"一杯水"(0.8～1.4 升)冲厕可实现 80％的节水率，这意味着，原来冲 1 次马桶的用水量，现在可以冲 5 次。

(3)新颖洗涤用品：利用活性氧的强大去污力来清洗衣物。只要将活性氧洗涤用品溶于水，完全不用搓揉，将衣服泡一泡就干净了。高效杀菌、安全环保、杀菌率高达 99.99％，零废气、零废水、零排放，使生活污水排放量减少一半。

图 4-7　轻触式接头

图 4-8　雾化器

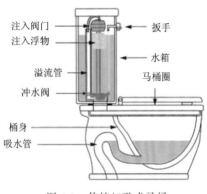

注入阀门
注入浮物
溢流管
冲水阀
桶身
吸水管
扳手
水箱
马桶圈

图 4-9　传统虹吸式马桶

图 4-10　创新直排的"一杯水"马桶

三、工业节水

　　曾为水利部的副部长翟浩辉说:目前我国每年缺水量为 300 亿～400 亿立方米,由此造成我国每年工业产值减少 2300 亿元。

　　每年我国的工业用水量为 500 多亿立方米,但其利用率却较低,平均单位工业产值的耗水量远高于一些工业国家,几乎要高出 3～4 倍。工业用水重复利用率约 52%,远低于发达国家 80% 的水平。而且,还直接排放出大量工业废水,造成严重的水污染。

　　工业用水除了数量上不足外,其水质也越来越不能满足工业生产的需要。水质不好,不仅会损坏设备,增加原料及燃料消耗,还直接影响产品的质量,特别是对食品、饮料、医药及电子等工业生产的影响尤为严重。

　　工业节水措施:

　　(1)加强企业用水管理,明确责任制度。

　　(2)通过工艺改革来节约用水,使生产主要过程中少用水或不用水。

　　(3)加强冷却用水的节水管理,冷却用水往往是工业节水的重点。方法:改直接冷却为间接冷却;采用非水冷却，免去了冷却水；利用人工冷源或海水作冷却水；循环利用冷却水；回收冷凝水（图 4-11）。

（4）一水多用或污水净化后反复用。

循环冷却水

回收冷凝水

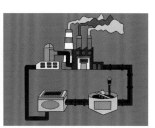
回收外排水

图 4-11　工业节水措施

四、农业节水

我国农业用水有以下几大特点。

用量：农业用水量很大，占总用水量的 70%，在干旱、半干旱地区，农业用水量达到 80% 以上。

环节：农业灌溉用水多，占农业用水量的 90%。

品种：水稻是我国主要的粮食作物，稻田耗水量占到农业用水的 65% 以上。

方向：农业节水主要从三个方面入手。一是农艺技术，如灌溉、耕作、栽培等技术；二是生物技术，进行品种改良；三是发展新型农业。

1. 传统技术升级改造

（1）灌溉：微灌将水和肥料直接浇在作物的根部，它比喷灌更省水、省肥。包括微喷灌、滴灌（图 4-12）、小管出流、膜下滴灌和渗灌等，滴灌比漫灌节水 1/3～1/2。

图 4-12　滴灌

(2)耕作:广西壮族自治区农业科学院韦本辉教授独创的粉垄技术(图4-13)被称为人类继人力、畜力、机械耕作之后的第四代农耕技术。粉垄比传统耕作加深耕作层2～3倍,能充分活化土壤资源,具有增产、提质、保水、保护生态等功能,为作物建造了庞大的"耕地水库",储水量增加1倍左右。此创新得到袁隆平院士的充分肯定,人民日报称粉垄技术让农业生产绿色高效。

图4-13　粉垄技术

(3)栽培:气雾栽培技术是目前世界上最先进的无土栽培技术,它的根系悬吊于高湿度的营养雾环境中,可以用最直接的方式获取水分及营养,并获取充足的氧气,是一种"水、肥、气"三因子最充足与最直接的供应方法,并表现出神奇的生长效果与超常规的产量收获(图4-14)。它的节水效率可达90%,即仅需土壤栽培的1/10用水量,并可减少75%以上的病虫害,还有利于组织工业化、立体化栽培。

图4-14　气雾栽培(来源:中国农业水科技网)

2. 生物改良:运用生物技术开发出少用或不用淡水的节水新品种

(1)节水抗旱杂交稻:上海农业生物基因中心引进了国内第一例基因杂交的节水抗旱杂交稻,它"喝"的水要比普通水稻至少节约50%。

(2)节水抗旱小麦:华北麦区小麦灌溉占农业用水的60%左右,主要依赖地下水。国家成立小麦良种重大科研联合攻关小组,现已开发节水小麦品种50余种。华北漏斗区小麦种植面积有5000多万亩,目前,节水品种已推广近3000万亩。人民网报道:中国率先创立的"中国二系杂交小麦技术体系",可增产20%以上,节水30%~50%。

(3)海水稻:湛江人陈日胜1986年发现一株野生海水稻后,坚持育种28年,终于获得重大突破——耐盐碱水稻新品种"海稻"被国家水稻专家认定为"一种特异的水稻种质资源"。中国盐碱地总面积15亿亩,若都能种上"海稻",按亩产300斤算,每年收成达4500亿斤。

(4)沙漠水稻:袁隆平团队在迪拜沙漠种植水稻初获成功(图4-15)!最高亩产超500千克!

袁隆平将杂交水稻结合在青岛海水稻研发中心的海水稻种植研发成果——"四维改良"技术引入迪拜,在热带沙漠里成功长出中国杂交水稻。其中关键的核心技术是要素物联网模组,它主要

图4-15　袁隆平研究出的沙漠水稻(来源:广西新闻网)

由两根搭载了多种传感器的管道构成。第一根管道根据传感器反馈需求,将所需水肥自动送达水稻根系部,供水稻生长;第二根管道是将土壤中渗出的多余水肥回收,运送至回收池供第一根管道循环使用。

3. 新时代、新农业

随着时代的进步,新思想、新科技与农业交融,由此催生出诸多高效、健康的绿色农业,也必然创造节水的新跨越。

(1)科技农业:生物科技不仅能改良优化生物,还能直接"制造"生物。

人造鸡蛋:香港明报报道,美国旧金山食品科技公司Hampton Creek研发出植物制造的人造鸡蛋及蛋黄酱等。主要是将几种豆类植物混合,制作出味道及营养价值与真鸡蛋相似的人造蛋黄酱,可用于制作面包、蛋糕、沙拉酱等。人造鸡蛋的保存时间更长,不含麸质和胆固醇,更健康,还便宜。

"种"出来的肉:非宰杀性食用肉已经离我们的餐桌越来越近。美国、荷兰和日本的一些创业公司正尝试在实验室里"种"动物鲜肉。

（2）仿生农业：自然是最聪明的，它懂得以最节省的方式自我协调，少消耗，多产出。原始森林中的生物无须人类的任何帮助，照样欣欣向荣。研究并效仿热带雨林生物生长的自然生态，开启了现代农业的仿生之路——自然农法。

中国台湾成功创建了双仿生系统：其含义是作物的耕作、灭虫任务仿照热带雨林多样性的生物体系，由各生物间自然的共生互助效应来完成；而作物所需的营养、水分则仿照人体的心肺系统循环方式实施。按此建立的双仿生农场开创了颠覆传统农业的自然农法新模式。

（3）混搭农业：将种植和养殖跨界结合，共生共养，互惠互利，节省资源，一水多用。

• 鱼菜共生：鱼菜共生是一种新型的复合耕作体系，它把水产养殖与水耕栽培这两种原本完全不同的农耕技术，通过巧妙的生态设计，达到科学的协同共生，从而实现养鱼不换水而无水质忧患，种菜不施肥而正常成长的生态共生效应（图4-16、图4-17）。

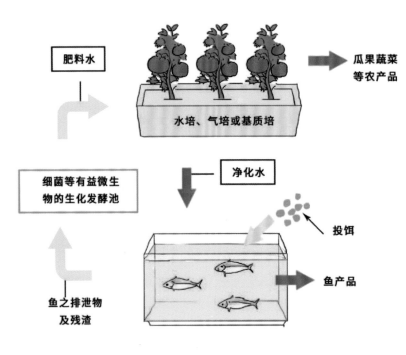

图 4-16　鱼菜共生原理图

• 稻田养殖：稻田养殖是一种根据生态经济学原理在稻田生态系统进行良性循环的生态养殖模式。著名水生生物专家倪达书曾指出，稻田养殖既可以在省工、省力、省饵料的条件下收获相当数量的水产品，又可以在不增加投入的情况下促使稻谷增收一成以上。如今，稻田养殖已由最传统的稻鱼型发展为与蟹、鱼、虾、鳝、泥鳅、青蛙、鳖、鸭子等共养（图4-18、图4-19）。我国约有水稻田 2446 万公顷（1 公顷＝0.01 平方千米），其发展潜力非常大。

（4）工厂农业：农业发展的高级阶段是工厂化流程生产，成为植物工厂。植物工厂集生物技术、工程技术和系统管理于一体（图4-20），对植物生长的温度、湿度、光照、二氧化碳浓度以及营养液等环境条件进行自动控制，所有资源均按需科学供给，杜绝浪费。

植物工厂里的植物生长几乎不受自然条件的制约，生长周期快。在工厂内种植的生菜、小白菜等20 天左右就能收获，而在普通的田地里，则需要一个月到 40 天的时间。此外，空间利用率也大大提高。在工厂内设置的是多层栽培架（图4-21），即从面积上就比常规耕地大了几倍，并且种植密度大，因此，植物工厂的产量可以达到常规栽培的几十倍甚至上百倍。

图 4-17　鱼菜共生（来源：农业科技报）

图 4-18　稻田养螃蟹

图 4-19　稻田养鱼

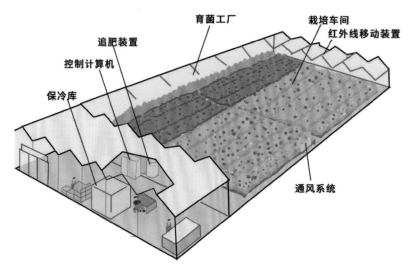

育菌工厂　栽培车间　红外线移动装置　追肥装置　控制计算机　保冷库　通风系统

图 4-20　植物工厂整体解决方案

图 4-21　植物工厂"生产车间"

第二节　增加水源

　　我们通常用的水是自然界的常规水源,有地表水和地下水。因此类水源不足,就得另辟渠道,增加水源——非常规水源(图 4-22)。它的特点是在经过适当处理后可以利用或再生利用的水源,以在一定程度上替代常规水资源,主要有雨水、再生水、海水、微咸水、矿井水以及人工制水等。

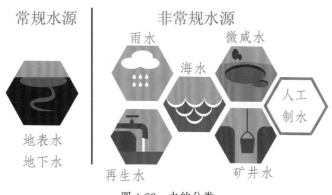

常规水源　　　　　非常规水源

雨水　　微咸水

海水

地表水　　　　　人工制水
地下水

再生水　　　矿井水

图 4-22　水的分类

非常规水源中除了人工制水可作饮用水外,其余则用于非饮用的生活生产方面(图 4-23)。

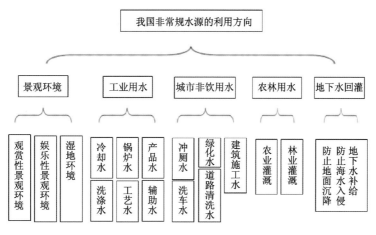

图 4-23　我国非常规水源的利用方向

一、人工制水

1. 海水淡化

海水淡化就是除去咸水中的盐,或将淡水透析出来,大致有以下五类方法。①蒸馏,让盐分留下,水蒸气凝结成水;②冻结,让咸水结冰,盐和冰分离开来;③反渗透,让咸水的水在巨大的压力下通过特殊的膜,留下盐;④离子迁移;⑤化学法。

国土面积有一半是沙漠的以色列和海洋岛国新加坡都是淡水奇缺的国家,它们在"海水淡化"领域走在了世界前列(图 4-24),这是它们发展成为发达国家的重要保障。以色列专家从甲壳虫中获得启迪,创建了自动获得淡水的撒哈拉森林计划——白天,甲壳虫的黑色外壳吸收并散发出热量促进海水蒸发以增加空气中的水汽;晚上,它的体温会急剧下降并低于周边物体,于是使水汽在甲壳虫的硬壳上凝结成小水滴。早上,甲壳虫都会饮用此露水。撒哈拉森林计划就是将这一原理放大为巨型工程。

图 4-24　海水淡化工程

研究人员还设计了一种简易海水淡化器（图 4-25），只要有阳光，便可以轻松将海水变成淡水。

图 4-25　简易海水淡化器

2. 空中取水

美国加州伯克利分校的团队发明的可以向天空借水的神器 WaterSeer，只需将它插进土里，就能直接从空气中"采水"！

研究人员发现，即使在干旱地区，空气中水蒸气的含量还是很高的。于是就巧妙地利用温差使空气中的水蒸气凝结成水！它的工作原理如图 4-26～图 4-30 所示。优点为结构简单、造价低廉，无需维护、无需能源、无污染，效率高。

图 4-26　插入地下约六英尺(1.8 米)深

图 4-27　上部的转页不停地将空气送入管子

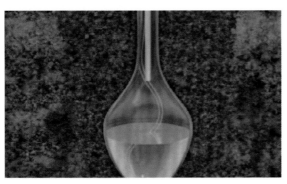

图 4-28　较冷的土壤会使金属管壁产生冷凝水

图 4-29　每天可以产生约 37 升饮用水

图 4-30　空中取水示意图

3. 黑科技发力

石墨烯(graphene)是一种由碳原子组成六角型呈蜂巢晶格的二维碳纳米材料。

石墨烯具有优异的光学、电学、力学特性,被认为是一种未来革命性的材料。

科学家认为,石墨烯有助于解决世界水危机,由石墨烯制成的膜可以让水通过,但把盐过滤掉。换言之,石墨烯可以彻底改变海水淡化技术。麻省理工学院的研究人员发现,这种材料的透水性比传统的反渗透膜高出几个数量级,纳米多孔石墨烯在水净化中可能发挥着重要作用。在 2018 年的一项研究中,澳大利亚联邦科学与工业研究组织的研究人员使用了一种被称为"graphair"的石墨烯,仅过滤了一次,就将海水净化为了饮用水。

4. 向动物学习

信天翁是一种大型海鸟,分布于太平洋。研究发现:信天翁的鼻部构造与其他鸟类不同,它的鼻孔像管道,在鼻管附近有去盐腺,这是一种奇妙的海水淡化器,去盐腺内有许多细管与血管交织在一起,能把喝下去的海水中过多的盐分隔离,并通过鼻管把盐溶液排出。人们相继发现许多海洋动物都有把海水淡化的本领,如海燕、海鸥、海龟和海水鱼等。由此,人们研制出反渗透膜海水脱盐淡化装置(图 4-31),对海水施加大于渗透压的压力,使海水中水分通过渗透膜,而盐分则被隔在外面,从而得到淡水。

还有一种方式是,有的海洋生物以自身微弱的生物电形成电磁场,把海水中的盐类,如氯化钠的两种电离子分离,在电场的作用下渗出膜外,而将水分留在机体内。据此,人们研制出电渗析膜海水淡化器(图 4-32)。在直流电场作用下,使海水中的盐类分解成正、负离子,使它们分别通过阳极、阴极渗透膜向正极和负极运动,然后收集留在两渗透膜中间的淡水。

图 4-31 反渗透膜海水脱盐淡化装置

图 4-32 电渗析膜海水淡化器

(来源:专业人环保工程网)

二、海水资源化

地球上的水并不少,但可供人类直接使用的淡水约占地球总水量的 0.26%。将丰沛的海水资源化,加强海水直接利用的范围和力度是改变用水结构、缓解水资源紧张的重要举措。

英国、法国、荷兰、意大利等国在火力发电、核电、冶金以及石油化工等行业的脱硫、回注采油、制冰和印染等方面,以及生活领域的冲厕、冲灰、洗涤和消防等方面直接利用海水代替淡水。2010 年,世界海水直接利用量近 6000 亿吨,淡水资源节约效果显著。

在中国沿海的电力、化工、石化等领域,海水用于直流冷却和循环冷却、消防系统用水。而香港在市区和多个新市镇都安装了海水冲厕系统,覆盖大约80%香港人口,每年节省2.7亿吨淡水,相当于30%的淡水用量。2010年,我国海水直接利用量为550亿吨,其中用作冷却水的占90%左右,其贡献率为16%～24%。到2020年达到1000亿吨,贡献率将提高至26%～37%。直接利用海水,将是解决沿海水资源短缺的主要措施之一。

1. 微咸水

微咸水主要埋藏在较深层的含水层中,在沿海地区较为常见。微咸水与海水的区别是以Cl^-(氯离子)的含量(质量浓度)来划分的,海水中的Cl^-含量是4000毫克/升,而微咸水中的Cl^-含量却只有400毫克/升或者更少。世界卫生组织在1961年公布的饮用水卫生标准中,对氯化物的含量的要求为35毫克/升以下,故微咸水不适合作饮用水,但仍适于养鱼、农田灌溉和工业消耗用水。

2. 海水种植

以海水替代淡水用于农业种植已取得多方面成果。前文中已介绍了通过生物育种开发了能在盐碱地生长的海水稻,其实还有多种蔬菜作物的海水种植的成功探索。

1)稀释海水栽培西红柿营养更佳

美国化学协会《农业和食品化学杂志》日前刊登意大利科学家的研究报告称,用一定剂量的盐水,例如稀释的海水培育西红柿可以获得更好的具有抗氧化效果的果实。这种用含盐分的水浇灌培育出的西红柿并非长在土壤中,而是以玻璃纤维为生长基础。在果实成熟采摘,可以提高西红柿抗氧化成分。

2)中国多地成功种植多种海水蔬菜

产品有北美海蓬子、海英菜、海芦笋、红菊苣、芹菜、甜菜、海甘蓝等十余种能够用1/3的海水直至纯海水浇灌的新型海水蔬菜(图4-33)。

图4-33 海水蔬菜

最大的基地是江苏大丰建成的海水蔬菜生产基地,并通过国家863计划专家组的验收。其他如福建省福安市的海水蔬菜和花卉种植实验基地;浙江宁波、象山的海水蔬菜基地;海南文昌的海水菜园;山东寿光的盐碱滩涂上的大棚等。

三、雨水资源化

1. 雨水的利用

中国平均年降水总量为6.2万亿立方米,除通过土壤水直接被植物及生物吸收利用之外,通过水循环更新的地表水和地下水的水资源总量年均约2.8万亿立方米(仅次于巴西、俄罗斯、加拿大、美国和印度尼西亚),是一个极具有开发价值的水资源国。雨水是继中水、海水之后的人类"第三水源"。

雨水收集在减少城市雨洪危害、开拓水源方面正日益成为重要主题。对于大型公用建筑、居住区、建筑群等屋面及地面雨水,经收集和一定处理后,除了可用于土地渗入补充地下水外,还可用于景观环境、绿化、洗车、道路冲洗、冷却水补充、冲厕及其他生活用水用(图3-34)。

图 4-34 雨水的利用

2. 海绵城市建设

海绵城市,指城市能够像海绵一样,在适应环境变化和应对自然灾害等方面具有良好的"弹性",下雨时吸水、蓄水、渗水、净水,需要时将蓄存的水"释放"并加以利用(图4-35)。海绵城市建设遵循生态优先等原则,将自然途径与人工措施相结合,在确保城市排水防涝安全的前提下,最大限度地实现雨水在城市区域的积存、渗透和净化,促进雨水资源的利用和生态环境保护。

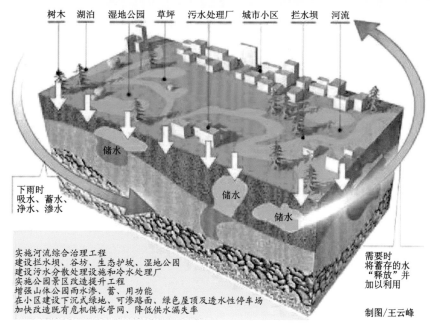

图 4-35 海绵城市雨水的循环收集与释放示意图(制图/王云峰)

案例:北京奥运会场馆雨水的利用(图 4-36)。

奥运中心区屋顶、地面和绿地全部建设雨水设施,年可收集雨水约 105 万立方米,对 20 年一遇的暴雨能全部蓄集于园内。

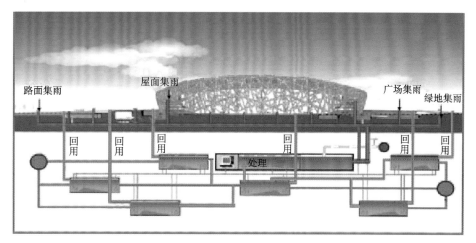

图 4-36 北京奥运会场馆雨水利用示意图

四、污水资源化——中水和再生水

1. 中水

中水,通常人们把自来水称为"上水",把排入管道内的污水称作"下水",对水质介于两者之间的水就称为"中水"(图 4-37)。

城市污水经处理设施深度净化处理后的水,包括污水处理厂经二级处理再进行深化处理后的水和大型建筑物、生活社区的洗浴水、洗菜水等集中经处理后的水,统称"中水"。

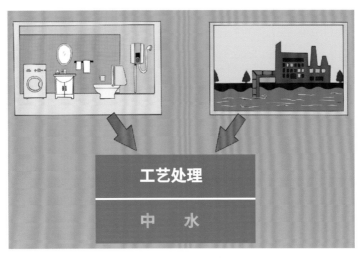

图 4-37　中水的利用

中水利用:将中水输入中水管道网,以冲厕、洗车、消防用水、浇草坪、洒马路、娱乐景观用水等非饮用水之用。用 1 立方米中水管道的水,等于少用 1 立方米清洁水,也能少排出近 1 立方米污水,一举两得,达到节水近 50％的效果。

2. 再生水

"再生水"的名字源于日本,其定义有多种解释,在污水工程方面称为"再生水",工厂方面称为"回用水",一般以水质作为区分的标志。主要是指城市污水或生活污水经处理后达到一定的水质标准,可在一定范围内重复使用的非饮用水。

再生水的用途很多,可以用于农业及畜牧业的种养(灌溉、种植与育苗、家畜和家禽用水、水产养殖);园林绿化(公园、校园、高速公路绿带、高尔夫球场、公墓、绿带和住宅区等);工业(冷却水、锅炉水、洗涤水、工艺用水);大型建筑冲洗以及环境(改善湖泊、池塘、沼泽地,增大河水流量等),还有消防、生活二次用水等。再生水还用于地下水回灌,作为地下水源补给,可防止海水入侵、地面沉降。

与海水淡化、跨流域调水相比,再生水具有明显的优势。就经济而言,再生水的成本最低;就环保而言,污水再生利用有助于改善生态环境,实现水生态的良性循环。

五、水利工程

我国水资源的总量并不少,但水资源分布不匀,加之人多地广,形成不同地域的水资源与需求的巨大差异(图 4-38)。总体而言,北部和西部地区的水资源紧张,甚至极度稀缺,而长江以南的水资源则自给有余。如能将不同地域多寡不匀的水资源按需做有效的调配,全国各地甘露均沾,必然会有力地促进我国经济的协调发展、加速崛起! 以下就是我国已经开发和想要开发的震撼世界的战略性水利工程。

图 4-38　引江济汉工程进口(来源:百度图库)

1. 南水北调

"南水北调"是中华人民共和国的战略性工程。早在 1954 年 10 月 30 日,毛泽东主席提出"南方水多,北方水少,如有可能,借点水来也是可以的"宏伟设想,经过半个多世纪的野外勘查和测量,在分析比较 50 多种方案的基础上,形成了如今的方案。

南水北调工程分东、中、西三条线路,通过与长江、黄河、淮河和海河四大江河的交叉,构成"四横三纵"网络,以实现中国水资源南北调配、东西互济的合理配置(图 4-39)。

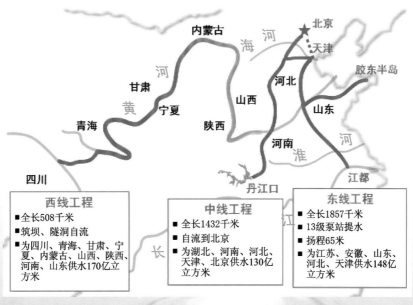

图 4-39　南水北调工程示意图

东线工程:从长江下游扬州抽引长江水,利用京杭大运河及与其平行的河道逐级提水北送,并连接起调蓄作用的洪泽湖、骆马湖、南四湖、东平湖。出东平湖后分两路输水:一路向北,穿黄河后自流到天津;另一路向东,通过胶东地区输水干线接引黄济青渠道,向胶东地区供水。

中线工程:从汉江流域汇聚至丹江口水库,调水至河南南阳的淅川陶岔渠首闸出水,再沿豫西南唐白河流域西侧过长江流域与淮河流域的分水岭方城垭口后,经黄淮海平原西部边缘,在郑州以西穿过黄河,继续沿京广铁路西侧北上,可基本自流到终点北京。

西线工程:在长江上游筑坝建水库,从长江与黄河的分水岭巴颜喀拉山开凿输水隧洞,调长江水入黄河上游。主要目标是解决涉及青海、甘肃、宁夏、内蒙古、陕西、山西等 6 省(自治区)黄河中上游地区和渭河关中平原的缺水问题。

南水北调中线工程、东线工程(一期)已经完工并向北方地区调水。西线工程目前正在规划阶段,尚未开工建设。

东线工程可为江苏、安徽、山东、河北、天津 5 省(市)净增供水量 148 亿立方米,可基本解决天津市,河北黑龙港运东地区,山东鲁北、鲁西南和胶东部分城市的水资源紧缺问题,并具备向北京市供水的条件。

中线工程可为北京市送水 10.5 亿立方米,水量占城市生活、工业新水比例达 50% 以上。不仅可提升北京市供水保障率,还增加其水资源的战略储备,并将富余的水适时回补地下水。

2. 藏水入疆

西北干旱缺水的生态环境,导致我国地区发展严重不平衡,严重制约了我国的可持续发展能力。

6 位院士、12 位教授以及多位年轻博士联合攻关,研究探索了一条现实可行、科学创新的西部调水线路——"红旗河"。这是一条沿青藏高原边缘全程自流进入新疆的调水环线,将一举改变中国的生态格局。

"红旗河"从雅鲁藏布江"大拐弯"附近开始取水(水位 2558 米),沿途取易贡藏布和帕隆藏布之水,自流 509 千米后进入怒江(水位 2380 米);然后,于三江并流处穿越横断山脉:借用怒江河道 60 千米后经隧洞进入澜沧江(水位 2230 米),借用澜沧江河道 43 千米后经隧洞进入金沙江(水位 2220 米);借用金沙江河道 97 千米后,以隧洞、明渠和水库相结合的方式绕过沙鲁里山到达雅砻江(水位 2119 米),绕过大雪山到达大渡河(水位 2022 米),绕过邛崃山到达岷江(水位 1945 米),绕过岷山到达白龙江(水位 1880 米)、渭河(水位 1808 米);从刘家峡水库经过黄河(水位 1735 米),以明渠为主绕乌鞘岭进入河西走廊,沿祁连山东侧平原经武威、金昌、张掖、酒泉、嘉峪关到达玉门(水位 1550 米),接着沿阿尔金山、昆仑山的山前平原,穿过库姆塔格沙漠和塔克拉玛干沙漠南缘到达和田、喀什(水位 1300 米)。全程 6188 千米(含 200 千米自然河道),落差 1258 米,平均坡降 2.10‰。

3. 海水西调

从 21 世纪初开始,多位专家学者及院士提出了"海水西调,楼兰再现"的科学创意论证。

海水西调的主要思路是首先从渤海西北海岸提水,到达大兴安岭南端和燕山西北角之间,海拔提升约 1100 米。之后海水在内蒙古自治区基本可以向西自流,经阴山之北流入历史上的居延海。渤海水引入新疆维吾尔自治区后计划分为三支:一支流向北疆的玛纳斯湖和艾比湖,一支调至吐哈盆地,另一支则注进早已干涸的罗布泊(图 4-40)。

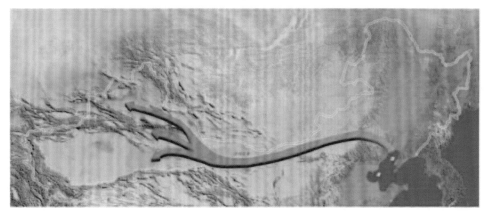

图 4-40　海水西调构想图

海水西调的综合功效：①以海水作为生态水填充沙漠中干涸的盐湖，利用大面积人造湿地镇压沙尘源，遏制沙尘暴；②利用沙漠丰富的太阳能，将海水蒸发为水汽，增加露水与降雨，湿润北方气候；③利用沙漠人造海，发展海水养殖业与海水种植业；④利用多梯级的人造海，逐级浓缩盐类资源，发展盐化产业；⑤依托人造海获取淡水，如雨水、冬季采冰、海水淡化等。

4. 天上运河

"天上运河"是我国科学家史无前例的创新设计。

中国地大物博，南北气候不同，北方相对干燥，南方相对湿润。这就造成了南北双方降雨量不均衡的矛盾。北方农作物缺水，降雨量小；南方则经常发生洪灾。这种情况在最近几年越发严重。虽然我们开启了南水北调等工程，但耗费巨大，无法解决根本问题。于是，科学家们在2010年提出利用大气循环来解决水资源布局的创新构想。

在地球上存在着无数的水循环系统。有海陆水循环系统、海内水循环系统、陆陆水循环系统。如果能拦截一个海陆水循环系统，让该系统的水分下降到缺水的地方，那么就不用等雨水下到南方后再将水强行运送至北方了。

科学家们在西藏和新疆进行了实验，通过放置使水汽聚积成水滴的化学原理来实现拦截来自印度洋的水汽。如果这个方法完全可控，就能给西藏带来100亿立方米的降水，能够很好地缓解西藏的缺水问题。

第三节　环境保护

习近平总书记十分重视生态环境保护，不断强调："我们既要绿水青山，也要金山银山。宁要绿水青山，不要金山银山，而且绿水青山就是金山银山。""像保护眼睛一样保护生态环境，像对待生命一样对待生态环境。"

一、垃圾处理

垃圾是人类日常生活和生产中产生的固体废弃物,由于排出量大,成分复杂多样,且具有污染性、资源性和社会性,需要无害化、资源化、减量化和社会化处理,如不能妥善处理,就会浪费资源,污染环境,污染水资源,影响生产生活安全,破坏社会和谐。

1. 垃圾处理的一般方法

(1)物质利用,又称物质回收利用,指通过物理转换、化学转换(包括化学改性及热解、气化等热转换)和生物转换(包括微生物转换、昆虫转换和动物转换等),实现垃圾的物质属性的重复利用、再造利用和再生利用,包括传统的物质资源回收利用和易腐有机垃圾转换成高品质物质资源。

(2)能量利用,又称能量回收利用,指将垃圾的内能转换成热能、电能,包括焚烧发电、供热和热电联产。

(3)填埋处置,指对不能进行资源化处理(包括物质利用和能量利用)的无用垃圾进行填埋处置。

(4)生物转化,利用自然界中的生物,主要是微生物、昆虫,对厨余垃圾、动植物残体、动物粪便、农作物秸秆等可降解有机物转化为稳定的产物、能源和其他有用物质。

2. 城市垃圾处理

(1)焚烧处理:随着中国经济的发展和人民生活水平的提高,城市垃圾中可燃物、易燃物含量明显增加,热值显著增大,一般经过分类、分选等预处理后,实施垃圾焚烧处理——垃圾焚烧发电。

(2)生物处理:利用昆虫(如苍蝇、蟑螂、蚯蚓)来处理有机垃圾,有着特别的优势和效益。

蚯蚓:1千克蚯蚓每天能吃1千克厨余垃圾,并产生500克蚯蚓粪。蚯蚓本身是很好的养殖饲料,其干品是入中药的地龙。近些年来,世界上蚯蚓食品的开发热情猛增,美国、非洲等某国家或地区,用蚯蚓来做各种菜肴、罐头等食品,因其富含蛋白质、脂肪、矿物质、维生素和微量元素等而广受欢迎。而蚯蚓粪不仅能改良土壤、肥沃土壤,还能预防病虫害,减少植物的发病率。

苍蝇:苍蝇堪称是大自然的清洁工。对每年因各种原因死亡的动物尸体、生活垃圾利用苍蝇和蝇蛆的生物功能快速无害化处理,消除污染,变废为宝。

苍蝇的繁殖速度惊人,生物质含量大,属再生资源,其蛋白质含量达60%以上,含有17种氨基酸,营养丰富,为优质食物蛋白,可以开发为航天及运动员食品、高蛋白食品、高级营养品、医疗保健食品、儿童食品、高档饮品的蛋白质添加剂。同时,还有直接抑制癌细胞的作用,可调节生理机能,增强抵抗力,被称为人类的第六生命要素。

蟑螂:蟑螂是在地球上生存了3亿年的、生物链最低端的昆虫,生命力、繁殖能力特别强。一种名为"美洲大蠊"的蟑螂,每只每天能吃自身重量5%的垃圾,集中饲养3亿只,一天就能处理近15吨垃圾。利用美洲大蠊可以高效、快速、无污染转化餐厨垃圾,其副产品蟑螂干粉及卵鞘可作为优质的昆虫蛋白饲料。而蟑螂的粪便可以当作种花草、庄稼的肥料,实现餐厨垃圾资源化和循环利用。

3. 农村垃圾处理

(1)生活垃圾处理:通过垃圾分类,将可腐烂的垃圾通过生物转化为沼气,作为新的能源;其他不可腐烂的垃圾则焚烧处理(图4-41)。

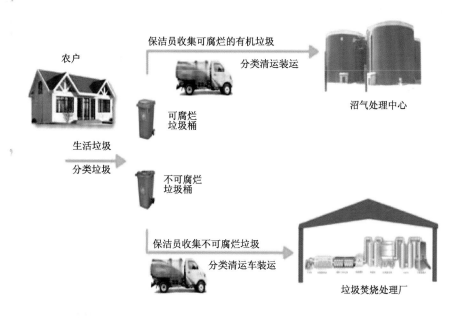

图 4-41　农村垃圾处理示意图(来源:百度图片)

(2)秸秆处理:我国是农业大国,每年有 7 亿多吨秸秆。目前全国秸秆综合利用率已达到 85% 以上,大体每亩产生 0.5 吨秸秆,综合利用可增收 150 元/亩。通常,秸秆可以作为饲料用于养殖业;秸秆作为能源,可以用来燃烧发电或发酵而产生沼气;秸秆作为原材料,可用于造纸,做保暖材料、装饰品、工艺品;秸秆作为肥料,可以粉碎腐烂后作为有机肥料,或用于种植蘑菇。

4. 电子垃圾处理

(1)延长使用:最好不要赶时髦,频繁更新电子产品,而尽量延长其使用寿命,甚至翻新再利用。

(2)回收:交给专门机构回收,让专业人员做处理。

(3)拆除:将电子零件拆除,单独处理。

(4)环保管理:对电子垃圾实施环保管理。

5. 塑料垃圾处理

飞速增长的塑料垃圾已经成为全球灾难性的环境问题,加之其在自然界中顽固不化且有存在 500 年的定力,对人类的严重威胁将与日俱增。

可喜的是,人们从自然界找到了塑料的"克星",开启了处理塑料垃圾的创新之路!

21 世纪初,我国北京航空航天大学的教授杨军偶然发现装小米的塑料袋被咬出了很多的洞,里面有蛾子飞出来,也有虫子在里面爬。

此虫名叫黄粉虫。

"它为什么要咬塑料袋?"——科学家敏锐的质疑促使杨教授及其团队开始了长达 13 年的艰辛探

索,研究证实了黄粉虫要吃塑料,而且它肠道的微生物可以降解塑料。黄粉虫把聚苯乙烯降解为二氧化碳,同时它也将其同化成了自身的肌体。黄粉虫既是爱吃塑料的怪虫,自身也是家禽的饲料。

于是,大概有数百家各国媒体争相采访报道这一成果。高度评价这一发现是革命性的,是过去十年环境科学领域最大的突破之一。

昆虫的肠道高效降解细菌在 24 小时之内就能消化塑料,而自然降解大概需要 500 年。杨军及团队开创了一个颠覆性的技术,而且是带有中国标签的成果! 当然这也是他们化害为利、十年一剑的努力结果。

继而,科学家们如果能人工培养可以分解塑料的细菌或酶,便可以利用生物科技进行大规模生产,然后投入到塑料垃圾中去,轻松完成对塑料的生物降解。

二、废(污)水处理

废(污)水处理就是针对生活废水、工业废水和农业废水,利用物理、化学和生物的方法进行处理,使废水净化,减少污染,以达到废水回收、复用,充分利用水资源的目的(图 4-42)。

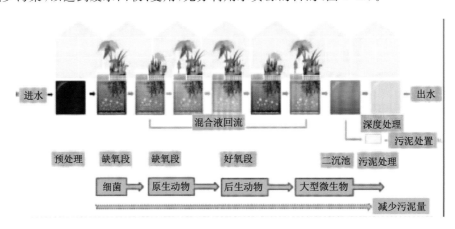

图 4-42 食物链反应器废(污)水处理技术流程(来源:中国水网)

1. 废(污)水处理的常用方法

(1)物理法:运用物理手段将废(污)水中不溶解的悬浮状态污染物(包括油膜和油珠)分离出来,如沉淀、离心、过滤、吸附及蒸发、结晶等方法。

(2)化学法:通过化学反应和传质作用来分离、去除废水中呈溶解、胶体状态的污染物或将其转化为无害物质。以投加药剂产生化学反应为基础的处理单元是混凝、中和、氧化还原等方法;而以传质作用为基础的处理单元则有萃取、汽提、吹脱、吸附、离子交换以及电渗析和反渗透等方法。

(3)生物法:通过微生物的代谢作用,使废(污)水中呈溶液、胶体以及微细悬浮状态的有机污染物,转化为稳定、无害的物质。根据作用微生物的不同,又可分为需氧生物处理和厌氧生物处理两种类型。

(4)食物链反应器技术:食物链反应器废(污)水处理技术是一个高度集约的生态系统,以独特的食物链反应器为基础,以特殊材料和植物根系为生物载体,形成巨大的生物膜表面,利用各次级生态系统的各种微生物、水生植物、水生动物等的交织生长,增强对水体中污染物的降解功能。

(5)黑科技:随着高新科技、高新材料的突飞猛进,也必然会在废(污)水处理领域大展身手,出奇制胜。

中国科技开发院江苏分院的科研人员通过多年努力,研发并最终获得成功的"石墨烯光催化网"非常神奇。这种网只要往臭黑水里一铺,就能净化水体,让脏水变干净!这一颠覆性的科技,必将改变历史!

"石墨烯光催化网"的基材就是一张普通的聚丙烯编织网(图4-43),网上附着了石墨烯材料、光敏材料、量子材料等,借助石墨烯的导电性能,可以将太阳能转化为电能,再分解水制氧,产生氧化活性物质,增加水体中的溶解氧。同时,将水体中的有机物分解成二氧化碳和水。随着时间的推移,水中好氧微生物逐渐繁殖和生长,不断消耗水中过剩的营养物质。经过差不多一周的时间,水体就会逐渐变得清澈。

图4-43 石墨烯光催化网 来源:《经济日报》,崔丽英摄

英国《泰晤士报》报道,美国驻阿富汗和伊拉克的特种部队已经配备了一种具有划时代意义的塑料袋。这种袋子不仅可过滤受过污染的水,甚至还可以过滤小便,变脏水为可饮用的纯净水。据悉,美国正在为海军研发一种可净化海水的类似的过滤袋。届时,这种水袋将成为每个救生艇中的必备设备。

2. 废(污)水处理的主要流程

• 初步处理:废(污)水流经处理设备,流速放慢,大一些的固状物沉淀下来。水经过沉淀槽时,小一点的颗粒沉入底部,形成矿泥。

- 再处理：在滴流过滤系统中,废水通过砂砾进行过滤,砂砾表面也可铺一层细菌群,以分解水中的废物。
- 追加处理：水被排入露天水池,接受阳光、空气对其作天然净化。水在最后排放前要加氯消毒,以杀灭水中的细菌和病毒(图4-44)。

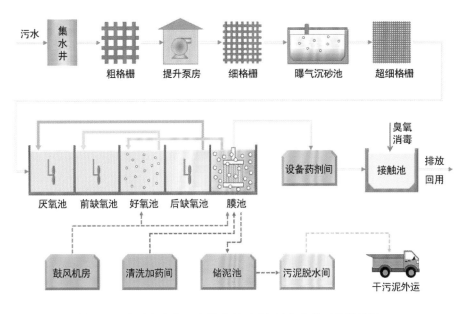

图4-44　废(污)水处理流程示意(来源:清华大学环境学院网)

三、生态治理

政府主导,全民参与,在全社会都要树立"绿水青山就是金山银山"和"山水林田湖是一个生命共同体"的理念,制定政策法规,措施具体,落实到位,生态治理,保护水资源。

1.绿色生产,拒绝污染

任何一家生产企业都在使用水资源,与此同时会产生大量的工业废水,有的企业没有对工业废水进行处理而恶意排放,造成水资源污染。作为各级政府必须制定法规、加强监管、严格执法;作为企业应该加大科研力量转变生产模式,走绿色生产道路。

2.退耕还林,湿地修复

保护环境和保护水资源是一脉相承的,环境的好坏直接影响到水质的优劣。

(1)退耕还林:就是从保护和改善生态环境出发,将易造成水土流失的坡耕地有计划、有步骤地停止耕种,按照适地适树的原则,因地制宜地植树造林,恢复森林植被。退耕还林工程建设包括两个方面的内容:一是坡耕地退耕还林;二是宜林荒山荒地造林。

(2)湿地修复:是指通过生态技术或生态工程对退化或消失的湿地进行修复或重建,恢复原有的结构和功能。

湿地是指陆地与水域间经常或间歇地被潮汐或洪水淹没的水深不超过 6 米的土地。湿地具有综合效益,湿地被誉为"地球之肾"。它的重要价值在于既具有调蓄洪水、调节气候、净化水质、保存物种、提供野生动物栖息地等基本生态效益,又具有为工业、农业、能源、医疗业等提供大量生产原料的经济效益,同时还有作为物种研究和教育基地、提供旅游等社会效益(图 4-45)。

图 4-45　湿地的功能——净化水质

我国湿地面临富营养化、旱涝灾害频发以及未经处理的废(污)水污染等困境。

对此,相关部门已经提出和制定了不少法规条例:《湿地公约》《环境保护法》《水污染防治法》《水生野生动物保护实施条例》《近岸海域环境功能区管理办法》《自然保护区条例》等。对于这些法规和条例应该大力宣传,认真贯彻。

3. 沙漠改造,变成绿洲

沙漠是指沙质荒漠化的土地。地球陆地的 1/3 是沙漠,而且每年以 6 万平方千米的速度扩张。由于不合理的农垦、过度放牧、不当樵采,致使 43% 的土地正面临着沙漠化的威胁。沙漠干旱水少,寸草难生,人畜难留。

防止沙漠化以及改造沙漠是人类共同的使命。有经济学家说:垃圾是放错了位置的财富。同样,让沙漠"改邪归正"将功德无量。

中国陆地面积中有 130 万平方千米是沙漠,占全国陆地总面积的 13%,绝大部分分布在西北。在西部开发中如何利用、治理沙漠,是一个重大的课题。

我国沙漠生态恢复、沙漠改良和种植新技术获得重大突破。重庆交通大学力学教授易志坚科研团队破解沙子土壤化密码,有望将沙漠"土壤化"成为植物生长的理想载体。他们研究开发出了一种植物纤维黏合剂,将其加入砂里,就能够将沙漠变成土壤,可以维持植物的稳定,并且保水、保肥和透气,适合种植植物。

这项技术贵在成本低、易施工,已在内蒙古自治区阿拉善盟乌兰布和沙漠中开发了 25 亩试验地,种植玉米、小麦、糜子、瓜果蔬菜、向日葵、观赏草、乔木、灌木等 70 多种植物,长势旺盛,开花结果(图 4-46)。

4. 地下水保护

我国约 1/5 的总供水量、1/3 的城市供水来源是地下水。在华北、西北广袤的干旱或半干旱地区,地下水往往是主要的甚至是唯一的供水水源。

图 4-46　内蒙古自治区阿拉善盟乌兰布和沙漠试验地

通常，只有地下水开采量不超过其天然补给量，才能保持生态平衡和可持续发展。然而，因为地下水依存度高、人们节水意识和能力不够，我国相当一部分地区出现了地下水过度开采的问题。由此引发地面沉降、河流干涸、湿地锐减、植被退化、海水入侵、土地沙漠化等一系列严重的地质、生态、环境问题。据统计，我国已有超过 50 个城市发生了不同程度的地面沉降。

同时，地下水的污染也不容小觑，2013 年中国地质调查局的报告称，对中国 118 个城市进行了调查，64％的城市地下水受到污染。

由此，保障和维护地下水的正常和安全十分重要。

• 从战略上重视：合理布局城市发展，提升城市水资源管理能力与水平，降低城市地下水依存度。

• 发挥经济杠杆作用，严格控制地下水的超采，积极推进节水技术。

• 源头防控，严格监管地下水的污染，从源头上保护。

第四节　由衷而为

爱水、惜水，不仅要从"水"着眼，还要从精神文明、习惯素养上行动。

一、系统思考

其实，人体每天直接消耗的水并不多。我们在生活中每天都离不开的吃饭、穿衣和用纸，与之相关的食品工业、纺织印染业、造纸业都是用水大户，也是造成水污染的重要原因。如造纸业就有"一吨纸 10 吨水"的说法。据统计，我国县及县以上造纸及纸制品工业废水排放量占全国工业总排放量的 18.6％。

1.惊人的水量

联合国《全球水资源发展报告书》统计,要满足人类衣、食、住、行的需求,每人每年至少需要 100 万升水,相当于每 3～4 天,一个人就要用掉一辆油罐车的水。

一位穿着 T 恤、牛仔裤的帅哥,走进餐厅,点了一份牛排和一杯饮料,仅此,他就"消费"了近 3 万升水。这些水可以装满 150 个浴缸,足以供一个人日常使用上百天(图 4-47)。

2.节约食物,就是节水

(1)水是动植物体内重要的组成部分(图 4-48)。

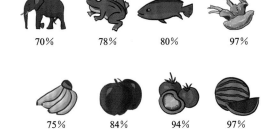

70%　78%　80%　97%

75%　84%　94%　97%

3万升　150缸

图 4-47　饮食消耗的水量

图 4-48　水在动植物体内占很高的比例

(2)种植并产出食物所需要的总水量。

表 4-1　不同食物所需用水总量

名称	份量	需用水总量
橙子	1千克	560 升
苹果	1千克	910 升
香蕉	1千克	790 升
西红柿	1千克	214 升
土豆	1千克	900 升
啤酒	1杯250毫升	74 升
牛奶	1杯250毫升	255 升
鸡肉	1千克	4300 升
猪肉	1千克	6000 升
羊肉	1千克	5500 升
牛肉	1千克	1 5400 升
鸡蛋	1千克	3300 升
小麦	1千克	1500 升
大米	1千克	3400 升
面包	1千克	1600 升

3. 适当调整，就能节水

早中晚一日三餐不同的吃法，对水的消耗也就会不同（图4-49）。

早餐：一袋牛奶（83升水）+
两个鸡蛋（136升水）=219升水
如果换成：一碗麦片粥（83升
水）+
两片面包（80升水）=163升水
可节约：56升水

午餐：一袋牛奶（2400升水）+
一杯可乐（125升水）=2525升水
如果换成：一碗米饭（680升水）+
一份蔬菜（117升水）=797升水
可节约：1728升水

晚餐：一份牛肉（6200升水）+
一杯红酒（120升水）=6320升水
如果换成：一碗鸡肉（1560升
水）+
一杯啤酒（75升水）=1635升水
可节约：4685升水

零食：一个苹果（70升水）+
一杯奶酪（1000升水）=1070升水
如果换成：一个橘子（50升
水）+
一份薯片（185升水）=235升水
可节约：835升水

这样一天就可以节约
7304升水

图4-49 一日三餐消耗的水量

二、多方呵护

大自然是有生命和情感的，如果你只知道索取糟践而不知道关心爱护，那么，也会遭受大自然的抵制和报复。本来就十分可贵的水资源，不仅要避免浪费，厉行节约，更要细心关爱、倍加呵护。

1. 惊人的"水足迹"

住建部的一份数据表明：我们的城市生活垃圾存量已超过80亿吨，2/3以上的城市被垃圾包围，1/4的城市已没有合适的场所堆放垃圾，垃圾堆存累计侵占土地80万亩，4万个乡镇、近60万个行政村每年产生的生活垃圾超过2.8亿吨，数量超过城市。

面对日益增长的垃圾，人们希望尽可能地将垃圾转化成可以再利用的资源，以最大限度地减少必须另行处理的垃圾量。那么，首要的环节是垃圾分类。

垃圾分类，指按一定标准和要求将垃圾分类储存、分类投放和分类处理，从而转变成公共资源和减少污染的一系列活动的总称。对于日常生活垃圾，主要分为可回收垃圾、厨余垃圾、有害垃圾及其他垃圾四大类。

（1）可回收垃圾：指回收后经过再加工可以再利用的物品，主要包括纸张、塑料、玻璃、金属和织物五类。这类垃圾通过综合处理回收利用，可以减少污染，节省资源。如每回收1吨废纸可造好纸850千克，节省木材300千克，比等量生产减少污染74%；每回收1吨塑料饮料瓶可获得0.7吨二级原料；每回收1吨废钢铁可炼好钢0.9吨，比用矿石冶炼节约成本47%，减少空气污染75%，减少97%的水污染和固体废物。

（2）厨余垃圾：指在食品加工和食用过程中产生的易于腐烂的垃圾，包括剩菜剩饭、动物残余、菜根菜叶、瓜皮果核等食品类废物。这类垃圾可以通过前述的生物处理方式来转化利用。

（3）有害垃圾：指含有对人体健康有害的重金属、有毒的物质或者对环境造成现实危害或者潜在危害的废弃物。包括电池、荧光灯管、灯泡、水银温度计、油漆桶、部分家电、过期药品、杀虫药、过期化妆品等。这些垃圾一般需单独回收处理。

（4）其他垃圾：除上述 3 种以外的垃圾，主要有废弃食品袋（盒）、废弃纸巾、大骨头、烟头、灰土、宠物粪便等。

2. 禁塑、限塑

塑料污染的主角是日常生活中的一次性塑料制品——塑料袋、塑料瓶、吸管、快餐盒、食品打包盒，人人、处处、天天都会使用、丢弃。

2016 年，中国在线订餐系统统计，每天有 2.56 亿份外卖定单，这意味着至少有 2.56 亿份打包盒，2.56 亿个塑料袋，以及 2.56 亿套一次性餐具。全世界一年使用的塑料袋数量则高达数万亿个！

塑料污染已经成为全人类可怕的公敌！尽管现在找到了一些塑料垃圾的处理方法，但必须要有新的投入和消耗。最佳的解决途径应该是少用或不用一次性塑料，再就是改变塑料的特性为可降解。

1）政府号令

肯尼亚出台了全球最严厉的旨在减少塑料污染的法律，销售或者使用塑料袋的人可能被处以最高 4 年监禁以及最高 400 万肯尼亚先令（合 3.8 万美元）的罚款。

再如法国实施塑料袋禁用新规，澳大利亚进一步禁止塑料袋使用，捷克将对零售商征收塑料袋费用，美国加利福尼亚州塑料袋禁令将会立刻生效，波兰将强制征收回收塑料袋费用，马来西亚将全面落实无塑料袋日，斯洛伐克将禁止免费发放塑料袋……

2008 年 1 月 8 日，我国国务院办公厅下发《关于限制生产销售使用塑料购物袋的通知》，从 6 月 1 日起，在全国范围内禁止生产销售使用超薄塑料袋，并实行塑料袋有偿使用制度。

2015 年 1 月 1 号开始，吉林省正式施行"禁塑令"，规定全省范围内禁止生产、销售不可降解塑料购物袋、塑料餐具。这也成为中国施行"限塑令"6 年以来，首个全面"禁塑"的省份。中国宝岛台湾，在禁用一次性餐具之后，也宣布 2019 年内大型餐饮企业禁用一次性吸管，到 2030 年全面禁塑。

2）全民行动

提倡重拎布袋子、重提菜篮子，重复使用耐用型购物袋，少用或不用塑料袋；引导企业简化商品包装，积极选用绿色、环保的包装袋（图 4-50）。

互相提醒，从点滴做起：

- 自备环保购物袋，不用塑料袋。
- 自带水杯。
- 拒绝使用一次性餐具。
- 少点外卖。
- 改用环保可降解塑料制品。
- 用玻璃罐保存食物。

3）科技创新

针对塑料难以自然降解的问题，借助科技创新，有两种途径：一是采用其他的方法来处理那些顽固

图 4-50　环保购物袋

不化的塑料,如前已介绍的利用喜欢吃塑料的黄粉虫来消化塑料;另一种则是对常规的塑料改性或用其他可降解材料。

• 可降解塑料是指在生产过程中加入一定量的添加剂(如淀粉、改性淀粉或其他纤维素、光敏剂、生物降解剂等),使其稳定性下降,从而较容易在自然环境中降解的塑料(图 4-51)。

图 4-51　可降解塑料生产、成品和降解示意图(来源:www.hisunplas.com)

试验表明,大多数可降解塑料在一般环境中暴露 3 个月后开始变薄、失重、强度下降,逐渐裂成碎片。

现已开发创新了多种新型塑料：光降解型塑料，生物降解型塑料，光、氧化/生物全面降解型塑料，二氧化碳基生物降解塑料，热塑性淀粉树脂降解塑料。

可降解塑料的主要应用领域有农用地膜、各类塑料包装袋、垃圾袋、商场购物袋以及一次性餐饮具等（图 4-52）。

可以吃的塑料：印度新兴企业 EnviGreen 用天然淀粉和植物油合成出一种塑料状的材料，不含任何塑料成分和有毒物质，甚至可以食用（图 4-53）。这种纯有机材料还是百分百可降解的，绝不会损害环境。此款购物袋被丢弃后，可以在 6 个月之内完全自然降解；如果将它们放置在室温的水中，则会在一天内溶解消失；而将袋子放在沸水中，仅需 15 秒就可分解。

图 4-52　可降解塑料　　　　　　　图 4-53　可以吃的塑料（来源：硅谷探秘）

虾壳材料制成新型塑料袋：由英国诺丁汉大学及埃及尼罗河大学研究人员组成的一个生物工程团队正在使用虾壳中的材料来制作一种新型塑料袋，这种新型的塑料袋不仅更加环保、可生物降解，还能延长食品的保质期，其造价成本也比较低。

三、共享经济

随着社会经济的发展，共享经济将会深入社会的每个角落。未来的一切资产，包括有形的和无形的，都不再由私人占有而能共享——不再纠结于物品究竟属于谁，重要的是我们每个人都可以使用它！

共享经济的商业本质是以使用代替占有，以租赁代替购买（图 4-54）。

共享经济的创新模式提出地球人既是生产者也是消费者，在互联网上共享能源、信息和实物，所有权被使用权代替，"交换价值"被"共享价值"代替。

这是一场革命！人类进入"共享经济"新纪元。

（1）共享交通：目前已有共享租车、共享驾乘、共享单车（图 4-55）、共享停车位等多种类型。

（2）共享空间：空间是无处不在的资源，但它有着明确属性特征，主要包括共享住宿空间、共享宠物空间及共享办公场所空间三种产品形态。拼租房屋是节约成本的一种居住模式，交换住房也成为度假、旅游、养老的好方式。

（3）共享工厂：以"分享产能""共享工厂"的新型生产模式在全国各地兴起，其本质就是定制和外包！结盟"虚拟联合工厂"——统一接单，分工制造，集中总成。

图 4-54　共享经济（来源：搜狐证券）

图 4-55　共享单车

（4）共享物品：物品共享领域是率先出现的共享形态，随着移动互联网的发展，共享物品的商业模式呈现出了物品共享、书籍共享、服装共享等更加多元化的形态。

在共享物品这种模式下，降低了供给和需求双方的成本，大大提升了资源对接和配置的效率。这不仅体现在金钱成本上，还体现在时间成本上（图 4-56）。

（5）其他：共享公共资源、共享医疗、共享金融、共享知识教育、共享任务服务等。

图 4-56　共享物品

后　记

　　其实,我的专业是结构设计,对水并没有刻意关注。事出偶然,有朋友谈及节水型城市的创建事宜,或是我的门外之见有新意,随后便当真地多次交流讨论;又是巧遇,时任中国地质大学出版社副社长张瑞生正在策划包括水在内的科普丛书,鼓励我接棒。

　　水,平淡而普通,然而一旦深入了解,便会激发兴趣,不仅喜爱,还有珍重,乃至责任。

　　这,使我萌生了对水的情感和认知的表达意愿。此后,我在写作过程中,凡与朋友谈及水的话题,都会积极反响、呼应,包括科协、媒体,并快速行动,着手用展板和视频等方式来联动科普。

　　几个月的埋头苦干,实际上是在再学习、写心得的过程。感谢互联网,感谢众多学者、专家从多角度、多领域所做的观察、研究、思考及探索,提供了大量的知识和信息,才使写作有了基础。

　　"海纳百川",水包容万物。本书摘取些许水滴,几朵浪花,希望能以此开阔视野,从新的视角去认识水、喜欢水、珍惜水;更希望以此为线索、受启迪,跟踪追击、深入探究,并付诸行动、养成习惯,成为个人的禀赋修养和社会的文化风尚。

　　祈愿:山长青,水长流,人长寿。

编著者
2023 年 9 月 5 日